10	11	12	13	14	15	16	17	18

□ 非金属の典型元素

□ 金属の遷移元素

□ 金属の典型元素

2He
4.003
ヘリウム
気体

5B
10.81
ホウ素

6C
12.01
炭素

7N
14.01
窒素
気体

8O
16.00
酸素
気体

9F
19.00
フッ素
気体

10Ne
20.18
ネオン
気体

13Al
26.98
アルミニウム

14Si
28.09
ケイ素

15P
30.97
リン

16S
32.07
硫黄

17Cl
35.45
塩素
気体

18Ar
39.95
アルゴン
気体

28Ni
58.69
ニッケル

29Cu
63.55
銅

30Zn
65.38
亜鉛

31Ga
69.72
ガリウム

32Ge
72.63
ゲルマニウム

33As
74.92
ヒ素

34Se
78.97
セレン

35Br
79.90
臭素
液体

36Kr
83.80
クリプトン

46Pd
106.4
パラジウム

47Ag
107.9
銀

48Cd
112.4
カドミウム

49In
114.8
インジウム

50Sn
118.7
スズ

51Sb
121.8
アンチモン

52Te
127.6
テルル

53I
126.9
ヨウ素

54Xe
131.3
キセノン
気体

78Pt
195.1
白金

79Au
197.0
金

80Hg
200.6
水銀
液体

81Tl
204.4
タリウム

82Pb
207.2
鉛

83Bi
209.0
ビスマス

84Po
(210)
ポロニウム

85At
(210)
アスタチン

86Rn
(222)
ラドン
気体

110Ds
(281)
ダームスタチウム
不明

111Rg
(280)
レントゲニウム
不明

112Cn
(285)
コペルニシウム
不明

113Nh
(278)
ニホニウム
不明

118Og
(294)
オガネソン
不明

64Gd
157.3
ガドリニウム

65Tb
158.9
テルビウム

66Dy
162.5
ジスプロシウム

67Ho
164.9
ホルミウム

167.3
エルビウム

168.9
ツリウム

173.0
イッテルビウム

175.0
ルテチウム

96Cm
(247)
キュリウム

97Bk
(247)
バークリウム

98Cf
(252)
カリホルニウム

99Es
(252)
アインスタイニウム

100Fm
(257)
フェルミウム

101Md
(258)
メンデレビウム
不明

102No
(259)
ノーベリウム
不明

103Lr
(262)
ローレンシウム
不明

JN028158

有効数字 4 桁の原子量は、国際純正・応用化学連合（IUPAC）で承認された最新の原子量に基づき、
日本化学会 原子量専門委員会が作成したもの（「4 桁の原子量表（2023）」）。
リチウムは例外的に 3 桁。

らくらく突破

飯島 晃良 著

乙種
第1・2・3・5・6類
危険物取扱者
合格テキスト＋問題集

改訂新版

合格に必要な
重点項目を
わかりやすく解説！

● 暗記項目をなるべく減らす
　＋解答で迷ったときに使える
　→「考え方」で解説

● 充実の問題数 712問

● 模擬問題各類6回分収録
　（巻末各類3回分
　＋ダウンロード各類3回分）

技術評論社

はじめに

　本書は、すでに乙種第4類危険物取扱者の免状を有する方が、乙種の第4類以外の類の試験を受験するためのテキストおよび問題集です。この場合、科目「危険物に関する法令」と「基礎的な物理学及び基礎的な化学」は免除されます。つまり、受験する類の「危険物の性質並びにその火災予防及び消火の方法（10問）」の科目のみ受けることになります。

　また、次の①〜④に示す乙種危険物取扱者免状の交付を受けている場合、甲種危険物取扱者の受験資格が得られます。

| ① 第1類または第6類　② 第2類または第4類　③ 第3類　④ 第5類 |

　本書は、1冊で短期合格ができるように、以下のすべてを備えています。

| ① 合格に必要な重点項目を分かりやすく解説したテキスト |
| ② 暗記をなるべく減らすように「考え方」や「ポイント」を解説 |
| ③ 圧倒的な質と量の問題集 |
| ④ 試験直前で1問でも多く正答するための「直前チェック総まとめ」 |

＜本書に収録されている問題＞　　　　　合計 712問
(1) 一問一答形式の練習問題：　　　　　　272問
(2) 本試験形式の五肢択一式の章末問題：　140問
(3) 本試験形式の模擬試験問題：　　　　　150問（各類3回分ずつ）
(4) ダウンロード模擬試験問題：　　　　　150問（各類3回分ずつ）

　類ごとに、合格に必要な重要事項を整理して説明していますので、本文と一問一答問題で重点を理解しましょう。この時点で、すでに合格レベルの実力がついていることと思います。その後、五肢択一式の章末問題で理解度を確認してください。さらに、本試験と同じ形式の模擬試験で合格力がついていることを実感してください。最後に、取り外しができる「直前チェック総まとめ」で試験直前まで復習できますので、ダメ押しの対策ができます。以上のように、本書1冊で万全な対策ができるように、何重もの工夫が施されています。

　本書を活用し、多くの方が各類の乙種危険物取扱者試験に短期合格されることを願っております。

2023年11月　飯島晃良

目　次

第❸章　第2類の危険物（可燃性固体）　……… 71

第❹章　第3類の危険物（自然発火性物質・禁水性物質）…99

目　次

上記に加えて、ダウンロード模擬試験を各類3回用意しています。ダウンロードについてはp.14を参照。

別冊　「必携！　直前チェック総まとめ」

乙種危険物取扱者試験とは

1 危険物取扱者試験とは

危険物取扱者には、甲種、乙種、丙種という三つの免状があります。

甲種危険物取扱者はすべての類の危険物について、乙種危険物取扱者は指定の類の危険物について、取り扱いと定期点検、保安の監督ができます。

丙種危険物取扱者は、特定の危険物に限って、取扱いと定期点検ができます。

▼取扱いのできる危険物

免状の種類		取扱いのできる危険物
甲種		すべての種類の危険物
乙種	第1類	酸化性固体
	第2類	可燃性固体
	第3類	自然発火性物質および禁水性物質
	第4類	引火性液体
	第5類	自己反応性物質
	第6類	酸化性液体
丙種		ガソリン、灯油、軽油、重油など

本書は、乙種第4類危険物取扱者試験に合格して、乙種のそれ以外の類の試験を受験する方を読者対象にしています。乙種第4類危険物取扱者試験に合格すると、試験科目が一部免除になります。本書は、乙種第1類、第2類、第3類、第5類、第6類危険物取扱者試験の科目「危険物の性質並びにその火災予防及び消火の方法」のみを掲載しています。

2 受験ガイド

乙種第4類危険物取扱者に合格している方が、乙種のそれ以外の類の試験を受験するための科目免除や受験内容などをかんたんに説明します。くわしくは、「一般財団法人消防試験研究センター」が発行する受験案内や願書をご参照ください。

(1) 受験資格

乙種危険物取扱者試験は誰でも受験できます。

(2) 試験の内容

　乙種第4類危険物取扱者試験免状を有する方が、第4類以外の乙種危険物取扱者を受験する場合には、科目免除が適用されます。「危険物に関する法令」と「基礎的な物理学及び基礎的な化学」が免除されるため、「危険物の性質並びにその火災予防及び消火の方法」のみを受験すればよいことになります。

▼乙種第4類危険物取扱者の科目免除による受験内容（乙種）

試験科目	問題数	試験時間
危険物に関する法令	免除	
基礎的な物理学及び基礎的な化学		
危険物の性質並びにその火災予防及び消火の方法	10問	35分

(3) 出題形式

　五肢択一のマークシート方式です。

(4) 合格基準

　60％以上の正答率（10問中6問以上正解）で合格です。

(5) 受験地

　危険物取扱者試験は、都道府県ごとに行われています。居住地や勤務地に関係なく、全国のどの都道府県でも受けることができます。

(6) 受験手数料

　4,600円

(7) 複数科目の類の受験

　同じ日に、複数の類の乙種試験を受けることも可能です。受験できる内容は都道府県によって異なりますので、くわしくは受験する都道府県の県支部にお問い合わせください。

●一般財団法人 消防試験研究センター　本部

〒100-0013　千代田区霞が関1－4－2大同生命霞が関ビル19階

TEL：03-3597-0220　FAX：03-5511-2751

ホームページ　https://www.shoubo-shiken.or.jp/

（各都道府県の試験情報も、上記のページから確認できます。）

本書の使い方

　本書の使い方としては、受験する各類を学習すると同時に、「第1章 危険物の共通性質」を必ず読み、学習をしてください。乙種のすべての類の試験で各類の危険物の共通事項が出題されるためです。

　本書は、乙種危険物取扱者試験の各類の学習項目（テキスト）、章末問題、模擬試験問題（各類3回分）および別冊「必携！ 直前チェック総まとめ」で構成されています。また、付録としてダウンロードにて、模擬試験問題を各類3回分、用意しています。

1 学習項目（テキスト）

　本書は、乙種危険物取扱者試験の試験科目「危険物の性質並びにその火災予防及び消火の方法」を各類ごとに分け、構成しています。覚えるのは苦手という方に配慮し、表や図を多数使い、やさしく、わかりやすく各項目を解説しています。

　また、学習をする際に重要なのは問題への「慣れ」です。本書ではテキストをコンパクトにまとめつつ、問題を多数入れています。テキスト部分では学んだ項目を即座にチェックできるように、○×問題と穴埋め問題を中心にした「練習問題」を入れています。問題は短めの問題なので、通勤／通学時間、お昼休みの空いた時間、仕事の移動時間そして試験の直前など短い時間でも解くことができます。この○×問題は、実際の試験での正答のポイントになる重点をまとめたものです。短期間で効率的に得点力が向上します。

① **節のテーマ**：節のテーマとこの節で何を学習するかを示しています。

② **図表**：本書では、イメージをつかむために図やイラストを、効率よく覚えるために、表を多数入れております。

③ **練習問題**：この節で学んだことを復習する○×問題と穴埋め問題です。練習問題は、試験に出題されやすい事項に絞った理解度チェックおよび重点の定着に役立ちます。

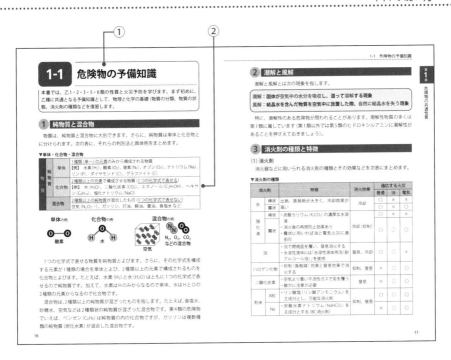

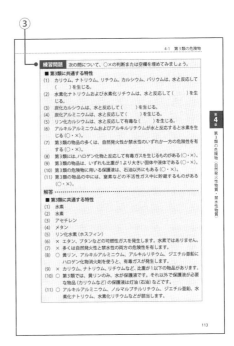

はじめて読むときは、各節をはじめから終りまで読みましょう。復習するときは、テキストの最後にある「これだけは押さえておこう！」を読んでから「練習問題」を解いてみましょう。もし、問題が解けない場合は本文をもう一度読みましょう。かなり学習時間が節約できるはずです。

2 章末問題

　本書の各章の終わりには章末問題があります。いままで学習した内容を確認しましょう。この章末問題は実際に出題された形式で作成しています。テキストでは○×問題がメインでしたが、本番の試験は五肢択一方式です。こちらの出題形式に慣れ、出題パターンにに触れましょう。

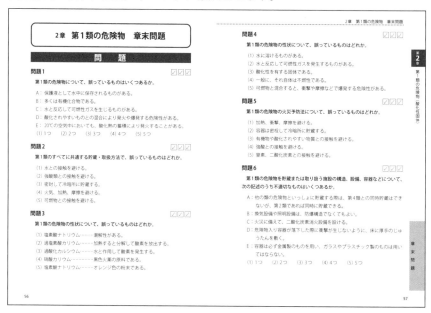

3 模擬試験問題

　本書には模擬試験問題が各類3回分掲載されています。すべての学習が終わったら、解いてみましょう。また、もっと模擬試験問題を解いてみたい方には、別途模擬試験問題を各類3回分ダウンロードで提供しています。詳細についてはp.14をお読みください。

模擬試験

○試験の概要とアドバイス

総まとめとして、実際の試験型式の模擬問題を解いてみましょう。

実際の試験における出題数、試験時間等を次の表にまとめます。

▼試験の概要（乙種危険物取扱者が科目免除で他の類の乙種試験を受ける場合）

科　目	問題数	解答方法	合格基準正答率	試験時間
危険物に関する法令	―		免除	
基礎的な物理学及び基礎的な化学	―	五肢択一	免除	
危険物の性質並びにその火災予防及び消火の方法	10問		60%（6問）以上	35分

乙種危険物取扱者免状を有する人が科目免除で試験を受ける場合、「危険物の性質並びにその火災予防及び消火の方法」のみを受験することになります。その場合、35分間で10問に解答し、正答率60%以上が合格ラインになります。

ここでは、各類とも3回分の模擬試験を掲載しています。さらに、ダウンロード版として各類3回分の模擬試験を用意しました。よって、合計で各類6回分の問題に挑戦できます。繰り返し演習して十分な実力をつけましょう。

▼模擬問題演習のやりかた

[1] 実際の試験を想定して、35分以内で問題を解く。自信のない問題には、△マークなどの印をつけておく。

[2] 採点をして、間違った問題と△をつけた問題（正解していたとしても、十分な理解がされていない問題）をピックアップし、「解説」、「テキスト本文」、「章末問題」で復習する。

[3] 間違った問題と△の問題を中心に、繰り返し問題を解く（時間があるならば、3回程度繰り返すことをおすすめします）。

[4] 第2回目以降の模擬問題についても、[1]～[3]を繰り返す。安定して8割以上に正答できるようであれば、合格の可能性が高いと思います。

第1類　模擬試験　第1回目

(解答・解説は p.234 を参照)

問題1

　危険物の類ごとの一般的性状として正しいものはどれか。

(1) 第2類：いずれも固体の無機物質で、比重は1より大きく水に溶けない。

(2) 第3類：いずれも自然発火性を有し、分子内に酸素を含有する。

(3) 第4類：いずれも炭素と水素からなる化合物で、引火性を持つ液体である。

(4) 第5類：いずれも可燃性の固体または液体である、引火性を有する物質もある。

(5) 第6類：いずれも酸化性の固体で、分解して可燃物を酸化する。

問題2

　第1類の危険物に共通する貯蔵、取扱いの注意事項として、誤っているものはどれか。

(1) 火気、熱源のある場所から離して貯蔵する。

(2) 容器は密栓せず、通気性を持たせる。

(3) 有機物、酸との接触を避ける。

(4) 加熱、摩擦、衝撃を避ける。

(5) 湿度が高い場所を避け、換気の良好な冷暗所に貯蔵する。

問題3

　第1類の危険物が、木材や紙と混在して火災を起こした際に、最も有効な消火方法はどれか。

(1) 塩素酸塩類及び過塩素酸塩類を除き、注水で消火を行う。

(2) アルカリ金属の無機過酸化物及びこれを含有するものを除き、注水で消火を行う。

(3) ハロゲン化物消火剤により消火する。

(4) 二酸化炭素消火剤により消火する。

(5) 過マンガン酸塩類を除き、泡消火剤により消火する。

---

④ 別冊「必携！直前チェック総まとめ」について

　本書では、巻末に別冊「必携！直前チェック総まとめ」が付属しています。取り外し可能で、取り外すと小さな冊子になります。

　「各危険物の重要特性一覧表」と「出題されやすいポイント」が掲載されています。試験直前にこの冊子を用いて重点を整理することで、1問でも多く正解を増やすことができます。案外、この1問が合格の分かれ目になることもあります。ぜひ試験前にご活用ください。

取り外して使えます！

乙種第1・2・3・5・6類危険物取扱者試験

必携！
直前チェック総まとめ

危険物の重要な性質を、復習しやすいようにまとめた別冊資料を用意しました。各類の特徴や、出題されやすいポイントがまとめられています。受験する類の記述を中心に読み進めていただければよいのですが、他の類と比較しながら始めることも、全体像が見えて理解が進みますので有効です。試験直前の暗記などにご活用ください。

【目次】

5　ダウンロードについて

　本書では、追加のコンテンツをインターネットからダウンロードで提供しています。ダウンロードで提供するコンテンツは、模擬試験問題などです。

　下記のURLからIDとパスワードを入力し、ダウンロードしてください。

> https://gihyo.jp/book/2023/978-4-297-13861-5/support
> ID：otsukiken2023　　　　　password：OKT16831

　ファイル形式はPDFです。PDFを開くときに下記のパスワードを入力してください。

> password：OKT16831

注意！
- このサービスはインターネットからのみの提供となります。著者および出版社は印刷物としての提供は行っておりません。各自の責任でダウンロードし、印刷してご使用ください。
- ダウンロードしたファイルの著作権は、著者飯島晃良氏に所属します。無断配布は禁止いたしします。
- このサービスは予告なく終了することもございますので、あらかじめご了承ください。

6　サポートについて

　本書の正誤表、追加情報については、下記ページから提供しています。特にIDなどは不要です。

> https://gihyo.jp/book/2023/978-4-297-13861-5/support

第**①**章

危険物の共通性質

1-1 危険物の予備知識

本書では、乙1・2・3・5・6類の性質と火災予防を学びます。まず初めに、乙種に共通となる予備知識として、物理と化学の基礎（物質の分類、物質の状態、消火剤の種類など）を復習します。

1 純物質と混合物

物質は、純物質と混合物に大別できます。さらに、純物質は単体と化合物とに分けられます。次の表に、それらの判別法と具体例をまとめます。

▼単体・化合物・混合物

物質	純物質	単体	1種類（単一）の元素のみから構成される物質 【例】 水素(H_2)、酸素(O_2)、窒素(N_2)、オゾン(O_3)、ナトリウム(Na)、リン(P)、ダイヤモンド(C)、グラファイト(C)
		化合物	2種類以上の元素で構成させる物質（1つの化学式で表せる） 【例】 水(H_2O)、二酸化炭素(CO_2)、エタノール(C_2H_5OH)、ヘキサン(C_6H_{14})、塩化ナトリウム($NaCl$)
	混合物		2種類以上の純物質が混合したもの（1つの化学式で表せない） 空気($N_2,O_2\cdots$)、ガソリン、灯油、軽油、重油、食塩水 など

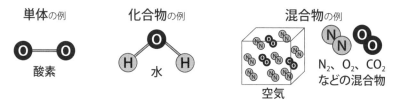

単体の例　酸素
化合物の例　水
混合物の例　空気　N_2、O_2、CO_2 などの混合物

1つの化学式で表せる物質を純物質とよびます。さらに、その化学式を構成する元素が1種類の場合を単体とよび、2種類以上の元素で構成されるものを化合物とよびます。たとえば、水素(H_2)と水(H_2O)はともに1つの化学式で表せるので純物質です。加えて、水素はHのみからなるので単体、水はHとOの2種類の元素からなるので化合物です。

混合物は、2種類以上の純物質が混ざったものを指します。たとえば、食塩水、砂糖水、空気などは2種類状の純物質が混ざった混合物です。第4類の危険物でいえば、ベンゼン(C_6H_6)は純物質の内の化合物ですが、ガソリンは複数種類の純物質（炭化水素）が混合した混合物です。

2　潮解と風解

潮解と風解とは次の現象を指します。

> **潮解**：固体が空気中の水分を吸収し、湿って溶解する現象
> **風解**：結晶水を含んだ物質を空気中に放置した際、自然に結晶水を失う現象

特に、潮解性のある危険物が問われることがあります。潮解性物質の多くは第1類に属しています（第1類以外では第5類のヒドロキシルアミンに潮解性があることを押さえておきましょう）。

3　消火剤の種類と特徴

（1）消火剤

消火器などに用いられる消火剤の種類とその効果などを次表にまとめます。

▼消火剤の種類

消火剤		特徴	消火効果	適応する火災		
				普通	油	電気
水	棒状	比熱、蒸発熱が大きく、冷却効果が高い	冷却	○	×	×
	霧状			○	×	○
強化液	棒状	・炭酸カリウム（K_2CO_3）の濃厚な水溶液	冷却（抑制）	○	×	×
	霧状	・消火後の再燃防止効果あり ・霧状に用いれば油と電気火災に適用可		○	○	○
泡		・泡で燃焼面を覆い、窒息消火する ・水溶性液体には「水溶性液体用泡（耐アルコール泡）」を使用	窒息、冷却	○	○	×
ハロゲン化物		・抑制（負触媒）効果と窒息効果で消火する	抑制、窒息	×	○	○
二酸化炭素		・空気より重い不活性ガスで炎を覆う ・酸欠に注意が必要	窒息	×	○	○
粉末	ABC	・リン酸塩（リン酸アンモニウム）を主成分とし、万能な消火剤	抑制、窒息	○	○	○
	Na	・炭酸水素ナトリウム（$NaHCO_3$）を主成分とする（BC消火剤）		×	○	○

主な消火剤について、その特徴を以下にまとめます。

① 粉末 (ABC) 消火器：リン酸アンモニウム (リン酸塩)

リン酸アンモニウム〔$(NH_4)_3PO_4$〕を主成分とした消火剤です。具体的な消火薬剤として、リン酸二水素アンモニウム ($NH_4H_2PO_4$) が用いられ、サーモンピンクに着色されています。

② 粉末 (Na) 消火器：炭酸水素ナトリウム

炭酸水素ナトリウム ($NaHCO_3$) を主成分とした消火剤です。水溶液は弱塩基（アルカリ）性で、加熱して分解すると二酸化炭素と水を発生します。また、塩酸を加えることでも二酸化炭素を発生します。

③ 化学泡消火器：炭酸水素ナトリウム ($NaHCO_3$) と硫酸アルミニウム〔$Al_2(SO_4)_3$〕

両消火剤の水溶液を混ぜると、次の反応によって二酸化炭素を含んだ多量の泡が発生し、それを放射して消火します。

$$6NaHCO_3 + Al_2(SO_4)_3 \rightarrow 2Al(OH)_3 + 3Na_2SO_4 + 6CO_2$$

④ 二酸化炭素消火器：液化二酸化炭素

放射された二酸化炭素による窒息効果に加えて、液化二酸化炭素が蒸発する際の気化熱による冷却効果もあります。

(2) その他の消火剤や用具

上記の他、危険物に応じて以下のような消火剤が用いられます。

① 乾燥砂、膨張ひる石 (バーミキュライト)、膨張真珠岩 (パーライト)

砂、砂利状の固体で、主に禁水性物質の消火に用いる

② ソーダ灰 (Na_2CO_3) (炭酸ナトリウム)

白い粉末状で、主に禁水性物質の消火に用いる

1-2 危険物の共通性質

個々の物品の性質を知る前に、類ごとの共通の性質を理解しましょう。一見すると、個々の物品の性質を問うような問題でも、実は類ごとの共通の性質を知っていれば答えられる問題が少なくありません。常に、全体像（共通の性質）を意識した上で問題に取り組むことが大切です。

1 危険物の一覧

消防法上の危険物は、性質に応じて第1類から第6類に分類されます。危険物の分類と特に重要な性質を次の表にまとめます。

▼危険物の分類と重要な特徴

類 別	性 質（覚え方）	状態	特 徴	具体例
第1類	酸化性固体（サコ さん）	固体	・それ自体は不燃物 ・酸素を出して可燃物を燃焼させる	塩素酸塩類 無機過酸化物 硝酸塩類
第2類	可燃性固体（カネコ さん）	固体	・火炎によって着火しやすい、または低温で引火しやすい固体	硫黄、赤リン、 金属粉、 引火性固体
第3類	自然発火性物質および禁水性物質（資金）	液体 固体	・空気や水と激しく反応し発火もしくは可燃性ガスを発生する	カリウム、 アルキルアルミニウム、 黄リン
第4類	引火性液体（印鑑）	液体	・引火しやすい液体	ガソリン 軽油、重油
第5類	自己反応性物質（持）	液体 固体	・酸素を含有し、単独で爆発的に燃える ・低温で発熱し爆発的に反応が進行する	有機過酸化物 硝酸エステル類 ニトロ化合物
第6類	酸化性液体（参へ[え]）	液体	・それ自体は不燃物 ・強い酸化剤 ・毒性と腐食性あり	過酸化水素 硝酸

(1) 各類の性質の覚え方

　第1類から第6類までの性質の覚え方は、ゴロ合わせで『サコさん、カネコさん、資金と印鑑を持参へ』です。『「サコさん」と「カネコさん」が、資金と印鑑を持参することに決まった』という状況をイメージして、新聞の見出し記事のように覚えましょう。

　『性質』をしっかりイメージして覚えましょう。そうすることで、実は『状態』と『特徴』は暗記しなくても自ずと明らかになります。

(2) 状態の覚え方

　上に示したゴロ合わせで、性質を覚えました。そうすると、第1類、第2類、第4類、第6類には、すでに固体か液体かの区別が明示されています。明示されていない第3類と第5類は、『固体と液体の両方』が存在します。

▼状態の覚え方

●性質を知っていれば明らかなもの

第1類：酸化性固体（サコさん）　　　：固体であることが明示されています。

第2類：可燃性固体（カネコさん）　：固体であることが明示されています。

（第4類が引火性液体であることは、ご存知の通りです）

第6類：酸化性液体（参へ）　　　　：液体であることが明示されています。

●性質欄には固体か液体の区別が示されていないもの

第3類：自然発火性物質および禁水性物質（資金）：固体・液体、両方あります。

第5類：自己反応性物質（持）：固体・液体、両方あります。

　以上のようにすれば、状態をスッキリ覚えられるでしょう。

　また、「状態」で示されるように、消防法上の危険物に気体は含まれません。

重要
消防法上の危険物は、常温常圧（20℃、1気圧）にてすべて固体か液体です！

　プロパン、メタン、水素、液化石油ガス（LPG）、圧縮アセチレンガスなど、常温常圧で気体であるものは危険物に含まれません。つまり、普段ガスボンベに入っているような可燃性ガスは、消防法上の危険物ではないと理解しておきましょう（これらは高圧ガス保安法で規制されています）。

▼消防法上の危険物と危険物ではないもの

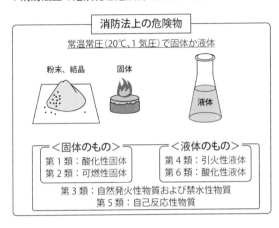

（3）問われやすい各類の特徴

　上記の『性質』をしっかりイメージした上で、各類の共通の特徴を学びましょう。くわしくは、この後各類の章で学びますが、全体像をイメージしておくことは非常に大切です。一見すると、個別の物品の特性を問うような問題でも、実は「類ごとの共通の特徴」を知っていれば正答できる問題も少なくありません。『木を見て森を見ず』にならないことが、合格ライン突破のポイントです。

■[第1類：酸化性固体] 強い酸化力を持つ固体

・それ自体は不燃物です。『可燃性である』、『単独でも燃える』などと問われたら、それらは誤りです（単独でも燃えるのは第5類の危険物です）。

・酸化性固体は、分解して酸素（O_2）を放出します。つまり、可燃物と混合すると、可燃物を爆発的に燃焼させる危険性があります。『分解して水素（H_2）やメタン（CH_4）等の可燃性ガスを生じる』などと問われたら、それらは誤りです。

■[第2類：可燃性固体] 可燃性の固体、低温で引火しやすい固体

・第2類は、硫黄、鉄粉、金属粉などの可燃性の固体に加えて、固形アルコール、

ゴムのりなどの引火性固体（引火点40℃未満のもの）も含まれます。そのことを利用して『第2類はすべて引火性の固体である』と問われることがありますが、それは誤りです。すべてが引火性なわけではないことに注意しましょう。また、引火性固体は、引火点40℃未満のものに限られますので注意しましょう。

■[第3類：自然発火性物質および禁水性物質]

・第3類は、水や空気と反応して発熱・分解し、水素などの可燃性ガスを生じ、発火・燃焼します。

・多くは自然発火性と禁水性の両方の性質を持ちますが、すべてではありません。『第3類は、すべて自然発火性と禁水性の両方の性質を持つ』と問われたら、それは誤りです。たとえば、黄リンは、自然発火性のみを有します。固形のリチウムは、禁水性のみを有します。

・第3類は、水や空気と反応して燃えることから、単独で燃焼するようなイメージを持ちやすいですが、そうではありません。『第3類は単独でも燃焼する』と問われたら、それは誤りです（単独で燃えるのは第5類です）。

・第3類の禁水性物質のほとんどは、水と反応して水素（H_2）、メタン、エタン、アセチレンガスなどの可燃性ガスを生じます。水と反応して酸素を発生するのは第1類の無機過酸化物ですので、混同しないように注意しましょう。

●水との反応で生成されるもの

　第1類の無機過酸化物　＋ 水 ⇒ 酸素（O_2）を発生

　（特に、アルカリ金属の無機過酸化物）

　第3類の禁水性物質など ＋ 水 ⇒ 可燃性ガス（水素等）を発生

●危険物には炭素（C）、水素（H）、酸素（O）を含まないものもある

　最も流通している危険物は、ガソリン、エタノール等の第4類の危険物であり、その主成分は炭素（C）、水素（H）などです。そのことを利用して「危険物はH、C、Oのいずれかを含む」と問われたら誤りです。

　第2類の硫黄（S）、赤リン（P）、鉄粉（Fe）、第3類の黄リン（S）、カリウム（K）、ナトリウム（Na）等のように、第4類以外にも目を向けるとCもHもOも含まない危険物が複数あります。

■[第5類：自己反応性物質]

・第5類は、可燃物であることに加え、分子内に酸素を含むため、分解して単独で燃えます（自己燃焼します）。衝撃や加熱で分解すると、内部の酸素と反応して爆発的に反応します。そのイメージから、『第5類は自然発火性を有する』と問われることがありますが、それは誤りです。自然発火性を持つのは、第3類です。

■[第6類：酸化性液体] 強い酸化力を持つ液体

・第1類と第6類は、共に酸化性で、固体か液体かの違いです。よって、第6類にも、基本的に前記の第1類と同じことがいえます。

・腐食性があり、皮膚をおかします。また、蒸気も有毒です。

[消火の方法について]

　危険物ごとに、適応する消火方法が大きく異なります。くわしくは、各類の章で学びますが、『同じ類だからといって同じ消火方法が適するわけではない』ことを押さえておきましょう。たとえば、第1類の危険物の中には、水で消すのが効果的なものもあれば、水をかけるのが厳禁のものもあります。

▼これも知っておきたい各類の代表的特性

類	比重	主な形状※1	水溶性	その他
第1類	1より大きい	無色や白の結晶や粉末が多い	水溶性／非水溶性が両方あり	・潮解性※2のものが複数ある
第2類		色付きの物品が多い	一般に非水溶性	・微粉状のものは粉じん爆発に注意
第3類	1未満のものもある	アルカリ・アルカリ土類金属は銀白色、それ以外は色付きの固体が多いが、<u>液体の物品もある</u>	（水と反応するものが多い）	・分解して可燃性ガスを発生
第4類	多くは1より小さい	無色の液体が多い	水溶性／非水溶性が両方あり	・多くは静電気を蓄積しやすい
第5類	1より大きい	無色や白の固体結晶が多いが<u>液体の物品もある</u>		・燃焼が速く爆発的。自己反応する
第6類		無色の液体	一般に水溶性	・腐食性と毒性が強い

※1　代表的な色や形状のため、例外も含まれます。➡少数派である例外のみを覚えればよい。

※2　潮解性とは、固体結晶が空気中の水分を取り込んで溶ける現象です。

　各類の代表的な特性を知っておけば、『比重はすべて1より小さい』『すべて水に溶ける』『すべて水に溶けない』などと問われた場合、即座に間違いだと分かります。

これだけは押さえておこう！

危険物の共通性質

・第1類から第6類までの危険物の性質を覚えよう。

・各類の危険物の代表的な品名と物品名を覚えよう。

・消防法上の危険物は、常温常圧（20℃、1気圧）で固体か液体です。気体は含まれません。

練習問題　次の問について、○×の判断または空欄を埋めてみましょう。

(1)　消防法における危険物は、常温常圧（20℃、1気圧）で液体か気体である（○・×）。

(2)　危険物には、それ自体は不燃性だが、分解して酸素を放出し、可燃物の燃焼を助けるものが含まれる（○・×）。

(3)　危険物には、化合物、混合物のものがあるが、単体のものはない（○・×）。

(4)　危険物には、水と反応して酸素を放出するものはあるが、水と反応して可燃性ガスを放出するものはない（○・×）。

(5)　外部から酸素を供給しなくても、自己燃焼する危険物がある（○・×）。

(6)　危険物はすべて燃焼する可燃性のものである（○・×）。

(7)　常温常圧（20℃、1気圧）で燃焼するものはすべて危険物である（○・×）。

(8)　すべての危険物に引火点が存在する（○・×）。

(9)　危険物は、分子内に炭素、水素、酸素のいずれかを含有している（○・×）。

(10)　第1類の危険物の性質は（　　　　）である。

(11)　第2類の危険物の性質は（　　　　）である。

(12)　第3類の危険物の性質は（　　　　）である。

(13)　第4類の危険物の性質は（　　　　）である。

(14)　第5類の危険物の性質は（　　　　）である。

(15)　第6類の危険物の性質は（　　　　）である。

(16)　第（　A　）類と第（　B　）類の危険物は、すべて常温常圧で固体である。

解答 ••

(1) × 消防法上の危険物は、常温常圧（20℃、1気圧）で固体か液体です。気体は含まれません。

(2) ○ 第1類（酸化性固体）と第6類（酸化性液体）のことです。

(3) × すべてあります。たとえば、第2類の硫黄（S）、赤リン（P）など、第3類のカリウム（K）、ナトリウム（Na）、リチウム（Li）、黄リン（P）などは、単体です。

(4) × 第1類の無機過酸化物（特にアルカリ金属の過酸化物）は、水と反応して酸素（O_2）を出します。一方で、第3類の禁水性物質（K、Na、アルキルアルミニウム）は、水と反応して可燃性ガス（水素など）が生じます。

(5) ○ 第5類（自己反応性物質）が該当します。

(6) × 第1類（酸化性固体）と第6類（酸化性液体）は酸化剤を供給する危険物であり、単独では燃焼しません。

(7) × 紛らわしい問題ですが、誤りです。たとえば、常温常圧で気体である水素、都市ガスなどは、常温常圧の空気中で容易に燃焼しますが、消防法上の危険物ではありません。

(8) × 第4類は引火性液体のため、引火点が存在しますが、たとえば、第1類、第6類などの酸化性の物質や、固体の危険物など、引火点が存在しないものも多く含まれます。

(9) × 硫黄（S）、赤リン（P）、鉄粉（Fe）、マグネシウム（Mg）、カリウム（K）、ナトリウム（Na）等、炭素、水素、酸素を含まない危険物は多くあります。

(10) 酸化性固体　　　　　　　　酸固さん（サコ）

(11) 可燃性固体　　　　　　　　可燃固さん（カネコ）

(12) 自然発火性物質および禁水性物質　　自禁（資金）

(13) 引火性液体　　　　　　　　引火（印鑑）

(14) 自己反応性物質　　　　　　自己（持）

(15) 酸化性液体　　　　　　　　酸液（参へ(え)）　　と覚えましょう。

(16) A：第1類　B：第2類（AとBは順不同でも可）

練習問題　次の問について、○×の判断または空欄を埋めてみましょう。

(17) 第4類と第（　C　）類の危険物は、すべて常温常圧で液体である。

(18) 第（　D　）類と第（　E　）類の危険物は、常温常圧で液体のものと、固体のものがある。

(19) 第（　F　）類と第（　G　）類の危険物は、それ自体は不燃性である。

(20) 第1類の危険物は、非常に酸化されやすい（○・×）。

(21) 第1類のアルカリ金属の無機過酸化物は、水と反応して水素を発生する（○・×）。

(22) 第2類の危険物は、火炎により着火しやすい、または、比較的低温で引火しやすい液体である（○・×）。

(23) 第6類の危険物は強酸である（○・×）。

解答

(17) C：第6類

(18) D：第3類　E：第5類（DとEは順不同でも可）

(19) F：第1類　G：第6類（FとGは順不同でも可）

(20) ×　第1類は、酸素を供給して可燃物を酸化させる危険物です。そのため、第1類自身は酸化されやすくはありません。

(21) ×　第1類は、酸素を含有しています。無機過酸化物は水と反応して酸素を供給します。水と反応して水素を発生するのは第3類のカリウム、ナトリウム、アルカリ金属、アルカリ土類金属、金属の水素化物です。

(22) ×　第2類は、火炎により着火しやすい、または、比較的低温で引火しやすい固体です。

(23) ×　第6類は、可燃物を酸化させる能力が強いですが、それは「強酸」であることとは別です。「第1類や6類はすべて強酸」という設問が出たら間違いです。

1章 危険物の共通性質　章末問題

問　　題

問題1

☑ ☑ ☑

危険物の類ごとの共通性状として、正しいものはどれか。

(1) 第2類は、自然発火性がある液体または固体である。
(2) 第3類は、火災時に水による消火が適する。
(3) 第4類は、引火性の液体で、引火点が高いものほど引火の危険がある。
(4) 第5類は、加熱や衝撃などにより爆発的に燃焼する固体である。
(5) 第6類は、酸化力が強い液体である。

問題2

☑ ☑ ☑

危険物の性状として、誤っているものはどれか。

(1) それ自体は不燃性であっても、酸素を放出して可燃物の酸化を促進するものがある。
(2) 発火や引火を防ぐために、保護液として二硫化炭素の中に貯蔵されるものがある。
(3) 水と反応して酸素や可燃性ガスを放出するものがある。
(4) 外部から酸素が供給されなくても燃焼するものがある。
(5) 同じ物質であっても、粒径や形状によって危険物になる場合とならない場合とがある。

問題3

☑ ☑ ☑

危険物の性状として、次のうち正しいものはいくつあるか。

A：常温、常圧（20℃、1気圧）において、固体、液体、気体のものがある。
B：液体の危険物の比重はすべて1より小さいが、固体の比重はすべて1より大きい。
C：類が同じでも、適応する消火方法が異なる場合がある。
D：空気と接触すると自然発火するものがある。

E： すべて可燃性である。

(1) 1つ　　(2) 2つ　　(3) 3つ　　(4) 4つ　　(5) 5つ

問題4

次の文の (A) に入る語句として、正しいものはどれか。

『(A)の危険物は、それ自体は不燃性の物質であるが、混在する可燃物の酸化を促進させる性質を持っている。』

(1) 第1類と第6類

(2) 第2類と第4類

(3) 第3類と第5類

(4) 第4類と第5類

(5) 第2類と第3類

問題5

次の表に示す (1) から (5) の行に書かれている特性について、誤っているものはどれか。

	類別	20℃、1気圧での性状
(1)	第1類	固体
(2)	第2類	固体
(3)	第3類	液体または固体
(4)	第5類	液体
(5)	第6類	液体

問題6

危険物の類ごとの性状として、次のうち誤っているものはいくつあるか

A： 第1類と第4類は、可燃性物質である。

B： 第3類と第5類は、ほとんどが水に溶ける。

C： 第3類と第4類は、比重が1を超える。

D： 第1類と第5類は、強酸化剤である。

E： 第3類と第5類は、常温常圧で液体である。

(1) 1つ　　(2) 2つ　　(3) 3つ　　(4) 4つ　　(5) 5つ

問題7

次の文の（　Ａ　）に入る語句として、正しいものはどれか。

『（　Ａ　）の危険物は、空気中で自然発火し、または水と反応して発火もしくは可燃性ガスを発生する固体または液体である。』

(1) 第1類　(2) 第2類　(3) 第3類　(4) 第5類　(5) 第6類

問題8

危険物の燃焼性について、次のうち正しいものはいくつあるか

Ａ： 第1類の危険物は、すべて不燃性である。
Ｂ： 第2類の危険物は、すべて可燃性である。
Ｃ： 第4類の危険物は、すべて不燃性である。
Ｄ： 第5類の危険物は、すべて可燃性である。
Ｅ： 第6類の危険物は、すべて可燃性である。
(1) 1つ　　(2) 2つ　　(3) 3つ　　(4) 4つ　　(5) 5つ

問題9

危険物の類ごとの性状として、正しいものはどれか。

(1) 第1類は、強い還元性を有する物質である。
(2) 第2類は、いずれも水に溶けやすい。
(3) 第3類は、空気または水と接触して酸素を放出する。
(4) 第4類は、いずれも自然発火性を有する。
(5) 第6類は、一般に不燃性の液体である。

問題10

第1類から第6類の危険物の性状について、正しいものはどれか。

(1) すべての危険物は、燃焼性がある。
(2) 危険物は化合物または混合物であり単体のものはない。
(3) すべての危険物は、常温（20℃）、1気圧で液体か気体である。
(4) 危険物は、分子内に水素、炭素、酸素のいずれかを含む。
(5) 同じ物質であっても、形状や粒度などにより危険物になるものとならないものがある。

問題1

第6類は、酸化性液体ですので、(5) が正解です。それ以外が正しくない理由は次の通りです。(1) 第2類は、可燃性固体ですので、液体は含まれません。また、一般に自然発火性はありません。(2) 第3類は、自然発火性および禁水性の物質ですので、水による消火は厳禁です。(3) 第4類は、引火性の液体であることは正しいですが、引火点が低いほど引火の危険性が高くなります。(4) 第5類は、自己反応性物質ですが、固体と液体の両方があります。

問題2

保護液に貯蔵される危険物はありますが、保護液として二硫化炭素が用いられることはありません。主な保護液は、水や石油です。また、二硫化炭素自体、第4類の特殊引火物で非常に引火しやすいため、水の中に貯蔵されます。

問題3

正しいのは、CとDです。Cについては、たとえば第1類の多くは水による消火が適しますが、第1類の無機過酸化物は水と接触して酸素を放出するものが多いので、水による消火は適しません。Dについては、第3類のアルキルアルミニウムや黄リンなど、空気に触れて発火する危険性が高いものがあります。それ以外が正しくない理由は次の通りです。A：消防法上の危険物は常温常圧で「液体か固体」です。気体はありません。B：比重が1より大きい液体もあります。比重が1より小さい固体もあります（リチウムなど）。E：第1類と第6類は、それ自体は不燃性です。

問題4

第1類（酸化性固体）と第6類（酸化性液体）は、ともに酸化性の物質であり、それ自体は不燃性です。また、可燃物の酸化を促進する強酸化剤です。

問題5

第5類には、固体と液体の両方があります。性質名に固体か液体かの区別がないのは、第3類（自然発火性物質および禁水性物質）と第5類（自己反応性物質）

です。それらはともに「固体と液体の両方がある」と覚えましょう。

問題6　　　　　　　　　　　　　　　　　　　解答（5）

すべて誤った記述です。理由は次の通りです。

（A）第1類は不燃性です。（B）多くは水に溶けません。そもそも、第3類の多くは水と激しく反応します。（C）第4類の多くは比重が1より小さいです。第3類の中にも、比重が1未満のものが複数あります（カリウム、ナトリウム、リチウム、ノルマルブチルリチウムなど）。（D）第5類は強酸化剤ではありません（第1類と第6類が強酸化剤です）。（E）第3類と第5類はともに液体と固体の双方があります。

問題7　　　　　　　　　　　　　　　　　　　解答（3）

第3類（自然発火性物質および禁水性物質）の説明です。

問題8　　　　　　　　　　　　　　　　　　　解答（3）

A、B、Dが正しい記述です。

問題9　　　　　　　　　　　　　　　　　　　解答（5）

（1）第1類は強い酸化性を有します。（2）第2類は一般に水に溶けません。（3）第3類は、空気や水と反応して酸素ではなく可燃性ガスを放出します。（4）第4類はすべて引火性を有しますが、多くは自然発火性がありません。

問題10　　　　　　　　　　　　　　　　　　解答（5）

たとえば、第2類の鉄粉、金属粉、マグネシウムは、粒度が大きいものは危険物になりません。それ以外の記述が正しくない理由は次の通りです。（1）第1類や第6類など、それ自体は燃焼しないものがあります。（2）リン（P）、カリウム（K）、ナトリウム（Na）、リチウム（Li）など、単体のものもあります。（3）常温常圧で固体か液体です。気体は含まれません。（4）硫黄（S）、赤リン（P）、鉄粉(Fe)、マグネシウム（Mg）、カリウム（K）、ナトリウム（Na）等、炭素、水素、酸素を含まない危険物は多くあります。

コラム　正答を導くための秘訣1

　危険物取扱者試験は、五肢択一の問題ですが、その出題文章には、いくつかのパターンがあります。たとえば次のようなものです。

出題文例1）○○について、誤っているものはどれか。
出題文例2）○○について、正しいものはどれか。
出題文例3）○○について、誤っているものはいくつあるか。
出題文例4）○○について、正しいものはいくつあるか。
出題文例5）○○について、正しいものの組み合わせはどれか。

　以上のように、誤っているものを選んだり、その数を選んだり、あるいは正しいものの数を選んだりと、いろいろです。そのため、問題ごとに何を解答しなければならないかを正しく把握しないと、正解できるはずの問題でも不正解になってしまう恐れがあります。

　それを防ぐためには、すべての問題文について、「○正しい、×誤り」を1つずつ判断して、次のように○×をつけていくことをお勧めします。

問題　危険物の性状として、次のうち<u>正しいものはいくつあるか</u>。

　×　A：常温、常圧（20℃、1気圧）において、固体、液体、気体のものがある。
　×　B：液体の危険物の比重はすべて1より小さいが、固体の比重はすべて1より大きい。
　○　C：類が同じでも、適応する消火方法が異なる場合がある。
　○　D：空気と接触すると自然発火するものがある。
　×　E：すべて可燃性である。
　(1) 1つ　　(2) 2つ　　(3) 3つ　　(4) 4つ　　(5) 5つ

　以上のように、○×をつけたうえで、もう一度問題文を読みましょう。「正しいものはいくつあるか」なので、答えは(2)番になります。勘違いして、誤っているものの数を選んだりすると、理解していても不正解になってしまいますので、注意しましょう。

第2章

第1類の危険物
（酸化性固体）

2-1 第1類の危険物

第1類は**酸化性固体**です。分子内に酸素を含み、加熱や摩擦等で分解して酸素を供給するため、可燃物の燃焼を促進します。それ自体は不燃物ですが、可燃物との混合で爆発の危険性があります。基本的には水で冷却して消火しますが、水と反応して分解する無機過酸化物のみ、水による消火は適しません。

> **重要** 乙種のすべての類の試験に共通し、各類の危険物の共通事項が出題されます。乙種第1類の試験を受ける際には、必ず「第1章 危険物の共通性質（p.15）」をあわせて学習（復習）してください。

① 第1類に共通の事項

第1類に共通の特性、火災予防法、消火法を次の表にまとめます。

▼第1類に共通の特性

特　性	・多くは無色の結晶または白色の粉末 ・それ自体は不燃性物質だが、分子内に酸素を含有し、加熱や衝撃等で酸素を放出し、可燃物の燃焼を促進する（強酸化剤である） ・潮解性があるものは、木材、紙などに染み込み、乾燥した場合に爆発する恐れがある ・アルカリ金属の無機過酸化物は、水と反応して酸素と熱を生じる。
火災予防法	・熱、衝撃、摩擦などを加えない ・可燃物、有機物などの酸化されやすい物質と接触させない ・強酸類と接触させない　　・密栓して冷暗所に貯蔵する
消火法	**無機過酸化物以外：大量の水で冷却消火** 第1類による火災は、危険物が分解して酸素が供給されることが原因なので、基本は大量の注水で危険物を分解温度以下に冷やすのが有効　　**注水**消火 **無機過酸化物（アルカリ金属の無機過酸化物、アルカリ土類金属の無機過酸化物）：** 乾燥砂、粉末消火剤（炭酸水素塩類）などで消火（注水は不可） 『無機過酸化物：過酸化○○とよばれる物品』のみ、水と反応して酸素を放出しやすいため、乾燥砂（膨張ひる石、膨張真珠岩を含む）、炭酸水素塩類等の粉末消火剤を用いる　**禁水** **注意** 第1類のすべてに使用できる消火剤が問われたときは、「乾燥砂」と「炭酸水素塩類の粉末消火剤」です

2 第1類の危険物一覧

第1類 (酸化性固体) の品名を次の表にまとめます。

▼第1類：酸化性固体の品名

品　名	特徴
1. 塩素酸塩類※　　2. 過塩素酸塩類※ 3. 無機過酸化物　　4. 亜塩素酸塩類※ 5. 臭素酸塩類※　　6. 硝酸塩類※　　**粉末、結晶** 7. ヨウ素酸塩類※　　8. 過マンガン酸塩類※ 9. 重クロム酸塩類※ 10. その他のもので政令で定めるもの (過ヨウ素酸塩類 他) 11. 前各号に掲げるもののいずれかを含有するもの	固体であり、酸化力の潜在的な危険性を判断する試験または衝撃に対する敏感性を判断する試験において政令で定める性状を有するもの

上の表中に※印で記されているように、第1類には『○○酸塩類』とよばれるものが多いです。各品名に分類される具体的な物品一覧を次の表に示します。詳細はこの後物品ごとに説明しますので、表で全体像をつかんでください。

▼第1類：酸化性固体の代表的な物品一覧

品　名	物品名		消火法	潮解、吸湿性	
塩素 酸塩類	塩素酸	カリウム	大量の水による 注水消火 **注水**消火		
	塩素酸	ナトリウム		潮解	(吸湿)
	塩素酸	アンモニウム			
	塩素酸	バリウム			
	塩素酸	カルシウム			
過塩素 酸塩類	過塩素酸	カリウム			
	過塩素酸	ナトリウム		潮解	(吸湿)
	過塩素酸	アンモニウム			
無機 過酸化物	過酸化	カリウム	注水不可：粉末消火器や乾燥砂を用いる **禁水**　**乾燥砂**	潮解	(吸湿)
	過酸化	ナトリウム		吸湿	
	過酸化	マグネシウム			
	過酸化	カルシウム			
	過酸化	バリウム			
亜塩素 酸塩類	亜塩素酸	ナトリウム	大量の水による 注水消火 **注水**消火	吸湿	
	亜塩素酸	カリウム			
臭素 酸塩類	臭素酸	ナトリウム			
	臭素酸	カリウム			

硝酸塩類	硝酸	カリウム	大量の水による注水消火		
	硝酸	ナトリウム		潮解	（吸湿）
	硝酸	アンモニウム		潮解	（吸湿）
ヨウ素酸塩類	ヨウ素酸	ナトリウム			
	ヨウ素酸	カリウム			
過マンガン酸塩類	過マンガン酸	カリウム			
	過マンガン酸	ナトリウム		潮解	（吸湿）
重クロム酸塩類	重クロム酸	アンモニウム			
	重クロム酸	カリウム			
その他（抜粋）	三酸化クロム			潮解	（吸湿）
	二酸化鉛				
	亜硝酸ナトリウム				吸湿
	次亜塩素酸カルシウム				吸湿
	ペルオキソニ硫酸カリウム				
	ペルオキソホウ酸アンモニウム				
	炭酸ナトリウム過酸化水素付加物				

ポイント

- 『無機過酸化物』のみ、水による消火が適応しません。注水により激しく反応して酸素（O_2）を放出するものが多いです。なお、第1類以外で水と反応する物質は、水と反応して可燃性ガス（水素など）を生じます。

  第1類の無機過酸化物　＋　水　⇒酸素（O_2）を発生

  第3類の禁水性物質など　＋　水　⇒可燃性ガス（水素等）を発生

- 潮解性がある物品が問われることがあります。潮解性を示す物品は第1類の『○○ナトリウム』ばかりです。無機過酸化物のみ、『過酸化カリウム』に潮解性がありますが、それ以外には <u>『○○ナトリウム』以外で潮解性のものはほとんどない</u> と理解しましょう（ちなみに、それ以外の潮解性物質は三酸化クロムと硝酸アンモニウムです）。○○ナトリウムについては、『塩素酸、次亜塩素酸、硝酸、過マンガン酸 ナトリウム』に潮解性があると覚えましょう。

❸ 品名ごとの特性

　以降、各物品の重要特性を一覧表にまとめ、学びます。以下の表の中で、覚える必要がない細かい数値などは、重点をぼやかしてしまうため、あえて掲載していません。空欄やグレーの部分は、覚える必要はありません。

(1) 塩素酸塩類

塩素酸 (HClO₃) の水素Hが、金属または他の陽イオンに置き換わったもの。

【例】　塩素酸カリウム KClO₃　塩素酸ナトリウム NaClO₃

▼塩素酸塩類

物品名 化学式	塩素酸カリウム KClO₃	塩素酸ナトリウム NaClO₃	塩素酸アンモニウム NH₄ClO₃	塩素酸バリウム Ba (ClO₃)₂
形状	無色の結晶・光沢あり	無色の結晶		無色の粉末
比重	1より大きい※1			
溶解性	熱水（水には溶けにくい）	水、アルコール	・水に溶ける ・エタノールに溶けにくい	
潮解性 吸湿性	特になし	潮解 吸湿	特になし	
性質	400℃で分解し、さらに加熱すると酸素を発生	約300℃で分解し酸素を発生	100℃以上で分解し爆発することがある	250℃以上で分解し酸素を発生
危険性	・赤リン、硫黄などの可燃性物質との混合は、わずかな刺激で爆発の危険あり ・濃硫酸・濃硝酸など、加熱、衝撃、摩擦で爆発の危険あり ・強酸との接触で爆発の危険あり ・アンモニア、塩化アンモニウムと反応して不安定な塩素酸塩を生成し自然爆発することがある			
火災予防法	・容器は密栓し、換気のよい冷暗所に保存 ・加熱、衝撃、摩擦を避ける ・分解を促す薬品類との接触を避ける			
消火法	注水により消火する（分解温度以下に冷却し、酸素の放出を抑える）			
補足事項	400℃で塩化カリウムと過塩素酸カリウムに分解 4KClO₃→KCl＋3KClO₄※2	潮解して木や紙等に染み込むと、乾燥した際に衝撃等で爆発の恐れがある	不安定で、常温でも爆発の危険性があり、長期保存はできない	

※1　比重は2.3〜3.2程度ですが、個々の数値を覚える必要はありません。

※2　400℃以上に加熱すると過塩素酸カリウムが分解して酸素が発生。3KClO₄→KCl＋2O₂

塩素酸塩類は、加熱すると分解して酸素を放出するため、加熱・摩擦・衝撃・可燃物との接触を避けるのが基本です。また、火災時には注水で消火します。

（2）過塩素酸塩類

　過塩素酸（$HClO_4$）の水素Hが、金属または他の陽イオンに置き換わったもの。

【例】　過塩素酸カリウム $KClO_4$　過塩素酸ナトリウム $NaClO_4$

　　　　過塩素酸アンモニウム NH_4ClO_4

ポイント　塩素酸塩類は□ClO_3であるが、**過塩素酸塩類は酸素原子が1個増えて□ClO_4である。**

▼過塩素酸塩類

物品名 化学式	過塩素酸カリウム $KClO_4$	過塩素酸ナトリウム $NaClO_4$	過塩素酸アンモニウム NH_4ClO_4
形状	無色の結晶		
比重	1より大きい※		
溶解性	水に溶けにくい	・水、エタノール、アセトン ・エーテルには溶けない	
潮解性 吸湿性	特になし	潮解 吸湿	特になし
性質	400℃で分解して酸素を発生	200℃以上で分解し酸素を発生	150℃で分解し酸素を発生
危険性	・赤リン、硫黄などの可燃性物質との混合は、わずかな刺激で爆発の危険あり ・加熱、衝撃、摩擦で爆発の危険あり ・強酸との接触で爆発の危険あり ・アンモニア、塩化アンモニウムと反応して不安定な塩素酸塩を生成し自然爆発することがある		
火災予防法	・容器は密栓し、換気のよい冷暗所に保存 ・加熱、衝撃、摩擦を避ける ・分解を促す薬品類との接触を避ける		
消火法	塩素酸カリウムと同様（注水消火）		
補足事項	危険性は、塩素酸カリウムよりはやや低い		燃焼で多量のガスを発生するため、危険性は塩素酸カリウムよりやや高い

※ 比重は2.0～2.5程度ですが、個々の数値を覚える必要はありません。

過塩素酸塩類も、塩素酸塩類と同様に加熱すると分解して酸素を放出します。塩素酸塩類と同じく、加熱・摩擦・衝撃・可燃物との接触を避け、火災時には注水によって消火します。

（3）無機過酸化物

無機化合物で、過酸化物イオン（O_2^{2-}）を有する酸化物の総称。

【例】 過酸化カリウム K_2O_2　過酸化ナトリウム Na_2O_2　過酸化カルシウム CaO_2

| ポイント | 過酸化水素 H_2O_2 の H が金属に置き換わったもの。 |

▼無機過酸化物（アルカリ金属の無機過酸化物）

物品名 化学式	過酸化カリウム K_2O_2	過酸化ナトリウム Na_2O_2
形状	オレンジ色の粉末	黄白色の粉末 （純粋なものは白色）
比重	1より大きい（数値を覚える必要はありません）	
溶解性	特になし（水と反応してしまう）	
潮解性 吸湿性	潮解 吸湿	吸湿
性質	・加熱すると融点（490℃）以上で分解して酸素を発生	・加熱すると約660℃で分解して酸素を発生
	水と作用して熱と酸素を発生する	
危険性	・水と作用し発熱・爆発の恐れがある ・皮膚を腐食する	
火災予防法	・容器は密栓し、水、有機物、可燃物との接触を防ぐ	
消火法	乾燥砂、炭酸水素塩類の粉末消火剤などをかける（注水禁止）	
補足事項	水と作用し水酸化カリウム（KOH）と酸素を生成	水と作用し水酸化ナトリウム（NaOH）と酸素を生成

▼無機過酸化物（アルカリ土類金属の無機過酸化物）

物品名 化学式	過酸化カルシウム CaO_2	過酸化バリウム BaO_2	過酸化マグネシウム MgO_2
形状	無色の粉末	灰白色の粉末	無色の粉末
比重	1より大きい		
溶解性	酸に溶ける		
	・水に溶けにくい		・水に溶けない
	・エタノール、エーテルに溶けない		
潮解 吸湿性	特になし		
性質	・加熱すると分解し酸素を発生 ・酸に溶けて過酸化水素を発生		
	275℃以上で爆発的に分解	840℃で酸素と酸化バリウムに分解	加熱すると酸素と酸化マグネシウムに分解
危険性	・有毒である		
火災予防法	・容器は密栓し、水、可燃物との接触を防ぐ ・酸との接触を避ける ・摩擦や衝撃を避ける		
消火法	乾燥砂、炭酸水素塩類の粉末消火剤などをかける（注水禁止）		
補足事項		・アルカリ土類金属の無機過酸化物の中では最も安定 ・熱湯と反応し酸素を発生	湿気や水の存在下で酸素を発生

　無機過酸化物は、加熱すると分解して酸素を放出することに加えて、水とも反応して酸素を放出します。特に、アルカリ金属の無機過酸化物の方が、アルカリ土類金属の無機過酸化物に比べて水との反応性が高いです。よって、加熱・摩擦・衝撃・可燃物との接触を避けることに加えて、水や水分との接触も避けなければなりません。火災時には、注水は厳禁ですので、乾燥砂や炭酸水素塩類の粉末消火剤で消火します。過酸化〇〇は注水NGと覚えましょう。

(4) 亜塩素酸塩類

　亜塩素酸（$HClO_2$）の水素Hが、金属または他の陽イオンに置き換わったもの。

【例】　亜塩素酸ナトリウム $NaClO_2$

> ポイント 塩素酸塩類は□ ClO_3 であるが、**亜塩素酸塩類は酸素原子が1個減って□ ClO_2 である。**

▼亜塩素酸塩類

物品名 化学式	亜塩素酸ナトリウム $NaClO_2$
形状	無色の結晶性粉末
比重	1より大きい
溶解性	水
潮解性 吸湿性	吸湿
性質	・加熱すると分解し酸素を発生し、塩素酸ナトリウムと塩化ナトリウムを生じる ・直射日光や紫外線で分解する ・強酸との混合で刺激臭のある二酸化塩素ガスを生じ、高濃度（15vol%以上）のものは爆発の恐れがある
危険性	・金属（鉄、銅など）を腐食する ・皮膚粘膜を刺激する
火災予防法	・直射日光を回避 ・酸、有機物、還元性物質と隔離する
消火法	多量の水で注水消火、爆発の恐れがあるので注意が必要
補足事項	発生する二酸化塩素は毒性と特異な刺激臭がある

(5) 臭素酸塩類

臭素酸（$HBrO_3$）の水素Hが、金属または他の陽イオンに置き換わったもの。

【例】　臭素酸カリウム $KBrO_3$

> ポイント　臭素酸塩類は基本的に無色または白色で水に溶けやすい。

▼臭素酸塩類

物品名 化学式	臭素酸カリウム $KBrO_3$	臭素酸ナトリウム $NaBrO_3$
形状	無色、無臭の結晶性粉末	無色の結晶
比重	1より大きい	
溶解性	水に溶ける	
	・アルコールに溶けにくく、 　アセトンには溶けない	・アルコールに溶けない
潮解性 吸湿性	特になし	
性質	・加熱すると370℃で分解しはじめ、 　酸素と臭化カリウムを発生 ・酸との接触でも分解する	・酸との接触で分解する
危険性	・衝撃で爆発の恐れ ・有機物と混合すると加熱、摩擦な 　どで爆発の恐れ	・加熱すると分解し、臭化水素を含 　む有毒ガスを生じる
火災予防法	酸、有機物、硫黄の混入や接触を避ける	
消火法	注水	

(6) 硝酸塩類

硝酸（HNO_3）の水素Hが、金属または他の陽イオンに置き換わったもの。

【例】 硝酸カリウム KNO_3 硝酸ナトリウム $NaNO_3$

硝酸アンモニウム NH_4NO_3

ポイント 硝酸塩類は水に溶けやすいものが多い。

▼硝酸塩類

物品名 化学式	硝酸カリウム KNO_3	硝酸ナトリウム $NaNO_3$	硝酸アンモニウム NH_4NO_3
形状	無色の結晶		
比重	1より大きい※		
溶解性	水		水、エタノール、メタノール
潮解性 吸湿性	特になし	潮解 吸湿	潮解 吸湿
性質	400℃で分解して酸素を発生	380℃で分解し酸素を発生	・約210℃で分解し有毒な亜酸化窒素（N_2O）を生じ、さらに加熱すると約500℃で爆発的に分解し、酸素と窒素を生じる ・水に溶けるときは吸熱する ・基本的に刺激臭等はない
危険性	・加熱により酸素を発生 ・可燃物、有機物との混合は衝撃や摩擦で爆発の恐れ		
火災予防法	・容器は密栓 ・加熱、衝撃、摩擦を避ける ・可燃物や有機物とは隔離		
消火法	注水		
補足事項	・黒色火薬の原料 ・吸湿性はない	反応性は硝酸カリウムよりは劣る	・アルカリ性の物質と反応しアンモニアを生成 ・肥料、火薬の原料

※ 比重は1.8〜2.3程度ですが、個々の数値を覚える必要はありません。

第2章 第1類の危険物（酸化性固体）

（7）ヨウ素酸塩類

ヨウ素酸（HIO_3）の水素Hが、金属または他の陽イオンに置き換わったもの。

【例】　ヨウ素酸ナトリウム $NaIO_3$　ヨウ素酸カリウム KIO_3

ポイント　無色の結晶で**水溶性**のものが多い。

▼ヨウ素酸塩類

物品名 化学式	ヨウ素酸ナトリウム $NaIO_3$	ヨウ素酸カリウム KIO_3
形状	無色の結晶	
比重	1より大きい※	
溶解性	・水に溶ける ・エタノールには溶けない	
潮解性 吸湿性	特になし	
性質	加熱すると分解し酸素を発生	
危険性	可燃物を混合して加熱すると爆発の恐れ	
火災予防法	・加熱、可燃物の混入や接触と加熱を避ける ・容器は密栓する	
消火法	注水	

※ 比重は3.9〜4.3程度ですが、個々の数値を覚える必要はありません。

(8) 過マンガン酸塩類

過マンガン酸（$HMnO_4$）の水素Hが、金属または他の陽イオンに置き換わったもの。

【例】 過マンガン酸カリウム $KMnO_4$

過マンガン酸ナトリウム $NaMnO_4・3H_2O$

> ポイント 強酸化剤である。赤紫色など、他の第1類（多くは無色の結晶や粉末）と比べ色に特徴がある。

▼過マンガン酸塩類

物品名 化学式	過マンガン酸カリウム $KMnO_4$	過マンガン酸ナトリウム $NaMnO_4・3H_2O$
形状	赤紫色、金属光沢の結晶	赤紫色の粉末
比重	1より大きい※	
溶解性	水	
潮解性 吸湿性	特になし	潮解 吸湿
性質	200℃で分解し酸素を発生	170℃で分解し酸素を発生
危険性	・硫酸を加えると爆発の危険あり ・可燃物、有機物との混合は衝撃や摩擦で爆発の恐れ	
火災予防法	・加熱、摩擦、衝撃を避ける ・酸、有機物、可燃物と隔離 ・容器は密栓	
消火法	注水	
補足事項	・水溶液は赤紫または濃紫色である。ここに過酸化水素水を加えると、過マンガン酸カリウムの方が強い酸化力を持つため、色が薄くなる ・殺菌剤、消臭剤、染料に利用	・低い温度で分解するため、市販品は水溶液となっている

※比重は2.5〜2.7程度ですが、個々の数値を覚える必要はありません。

(9) 重クロム酸塩類

　重クロム酸（$H_2Cr_2O_7$）の水素Hが、金属または他の陽イオンに置き換わったもの。

【例】　重クロム酸アンモニウム（NH_4)$_2Cr_2O_7$　重クロム酸カリウム $K_2Cr_2O_7$

> ポイント　強酸である。**橙黄色**や**橙赤色**など、他の第1類（多くは無色の結晶や粉末）と比べ色に特徴がある。

▼重クロム酸塩類

物品名 化学式	重クロム酸アンモニウム (NH_4)$_2Cr_2O_7$	重クロム酸カリウム $K_2Cr_2O_7$
形状	橙黄色の結晶	橙赤色の結晶
比重	1より大きい※	
溶解性	水、エタノール	水
潮解性 吸湿性	特になし	
性質	加熱すると窒素を発生	500℃以上で分解し酸素を発生
危険性	可燃物、有機物との混合は衝撃や摩擦で爆発の恐れ	強力な酸化剤なので、有機物や還元剤との混合で発火・爆発の恐れ
火災予防法	・加熱、摩擦、衝撃を避ける ・有機物と隔離 ・容器は密栓	
消火法	注水	

注水 消火

※ 比重は2.2 ～ 2.7程度ですが、個々の数値を覚える必要はありません。

（10）その他のもので政令で定めるもの

▼その他のもので政令で定めるもの（重要なもののみの抜粋）

物品名 化学式	三酸化クロム CrO_3	二酸化鉛 PbO_2	亜硝酸ナトリウム $NaNO_2$	次亜塩素酸 カルシウム （高度さらし粉） $Ca(ClO)_2 \cdot 3H_2O$
形状	暗赤色の 針状結晶	黒褐色の粉末	白色、淡黄色の 固体	白色の粉末
比重	1より大きい※			
溶解性	水、希エタノール	酸、アルカリ	水	
潮解性 吸湿性	潮解 吸湿	特になし	吸湿	吸湿
性質	強酸化剤で、加熱すると250℃で分解し酸素を発生	・金属並みの導電率で、電極にも用いられる	・水溶液はアルカリ性。酸で分解し三酸化二窒素（N_2O_3）を発生	・水と反応して塩化水素を発生 ・空気中で次亜塩素酸を遊離し強い塩素臭がある
危険性	・有毒で皮膚を腐食する ・水を加えると腐食性が強い酸になる ・アルコール、ジエチルエーテル、アセトン等と接触すると爆発的に発火することがある	・毒性が強い ・光分解や加熱で酸素を発生 ・塩酸に溶かすと塩素を発生	・可燃物と混合されると発火し急激に燃焼することがある ・アンモニア塩類、シアン化合物との混合で爆発の恐れがある	・光や熱で急激に分解 ・150℃で分解し酸素を発生 ・水溶液は容易に分解し酸素を発生 ・アンモニア、アンモニア塩類との混合は爆発の恐れがある
火災予防法	可燃物、アルコール等との接触を避ける	加熱を避ける	・加熱、摩擦、衝撃を避ける ・異物混入を避ける ・容器は密栓	
消火法	注水			
補足事項				プールの消毒に利用される

注水 消火

※ 比重は、二酸化鉛が9.4、それ以外は2.1〜2.7程度ですが、個々の数値を覚える必要はありません。

▼その他のもので政令で定めるもの（続き）

物品名 化学式	ペルオキソ二硫酸 カリウム $K_2S_2O_8$	ペルオキソホウ酸 アンモニウム NH_4BO_3	炭酸ナトリウム過酸化 水素付加物 $2Na_2CO_3 \cdot 2H_2O_2$
形状	白色の結晶または粉末	無色の結晶	白色の粉末
比重	1より大きい		
溶解性	水にある程度溶け 熱水によく溶ける	水	
性質	加熱すると100℃で分解し酸素を発生	加熱すると約50℃でアンモニアを生じ、さらに加熱すると分解し酸素を発生	・熱分解すると酸素を発生 ・漂白剤、洗剤などに使用されている ・水溶液を放置するだけでも過酸化水素と炭酸ナトリウムに分解する ・アルミニウムや亜鉛など金属製の容器は用いない
危険性	可燃物と混合すると発火しやすく、激しく燃焼する		
火災予防法	・加熱、衝撃、摩擦を避ける ・容器は密栓する ・可燃物、還元剤との接触、混合を避ける		
	乾燥状態で冷暗所に保存する	異物の混入を避ける	冷暗所に貯蔵する
消火法	注水		

4　知っておくと便利な特性まとめ

試験で正解を導くために知っておくと便利な特性をまとめます。

(1) 水に溶けにくい物品

*色文字の下線付き斜体の物品*は、水に溶けないもしくは溶けにくいものです（水にわずかに溶ける物品は、水に溶けるものに含めます）。

太い黒字の下線付きの物品は、水と反応してしまう物品です。

第1類の多くは水に溶けやすいと理解したうえで、少数派である水に溶けにくい物品だけを押さえておくと便利です。

(2) アルコールに溶ける物品

枠で囲った物品は、アルコールに溶けるとして知っておくとよい物品です。これ以外の物品は、基本的にアルコールに溶けない物品として出題される可能性が高いです。

品　名	物　品　名
塩素酸塩類	*塩素酸カリウム*、塩素酸ナトリウム、塩素酸アンモニウム、塩素酸バリウム
過塩素酸塩類	*過塩素酸カリウム*、過塩素酸ナトリウム、過塩素酸アンモニウム
無機過酸化物	**過酸化カリウム**、**過酸化ナトリウム**、**過酸化マグネシウム** *過酸化カルシウム*、*過酸化バリウム*（無機過酸化物は、水と反応してしまうか、水に溶けないかのいずれかです）
亜塩素酸塩類	亜塩素酸ナトリウム
臭素酸塩類	臭素酸カリウム、臭素酸ナトリウム
硝酸塩類	硝酸カリウム、硝酸ナトリウム、硝酸アンモニウム
ヨウ素酸塩類	ヨウ素酸ナトリウム、ヨウ素酸カリウム
過マンガン酸塩類	過マンガン酸カリウム、過マンガン酸ナトリウム
重クロム酸塩類	重クロム酸アンモニウム、重クロム酸カリウム
その他	三酸化クロム ※、*二酸化鉛*、亜硝酸ナトリウム、**次亜塩素酸カルシウム**（水と反応）、ペルオキソ二硫酸カリウム、ペルオキソホウ酸アンモニウム、炭酸ナトリウム過酸化水素付加物

※ 三酸化クロムは希アルコールに溶ける。

(3) 色が特徴的な物品

第1類の危険物の多くは、**無色や白の結晶**（もしくは粉末）です。次の表に示す色を持つ物品を知っておくと便利です。

代表的形状	色などに特徴ある物品（カッコ内が色）
無色や白の結晶か粉末	過酸化カリウム（オレンジ）、過酸化ナトリウム（黄白色）、過酸化バリウム（灰白色）、過マンガン酸カリウムと過マンガン酸ナトリウム（赤紫色）、重クロム酸アンモニウム（橙黄色）、重クロム酸カリウム（橙赤色）、三酸化クロム（暗赤色）、二酸化鉛（黒褐色）

（4）潮解性を有する物品

物品名	覚え方
塩素酸ナトリウム 過塩素酸ナトリウム 過酸化カリウム 硝酸ナトリウム 過マンガン酸ナトリウム 三酸化クロム 硝酸アンモニウム	・潮解性の多くは「○○ナトリウム」 ・○○ナトリウムの○○は、「塩素酸、過塩素酸、硝酸、過マンガン酸」の4つ。それ以外は潮解性がないと理解しよう ・○○カリウムでは、過酸化カリウムのみ

（5）毒性がある物品

物品名
過酸化バリウム、亜塩素酸ナトリウム、三酸化クロム、二酸化鉛

　もし、分からない問題に遭遇したとき、以上の内容を知っておくと、個々の物品のくわしい特性を知らなくても正解できたり、消去法で絞り込んで正解にたどり着けたりします。

これだけは押さえておこう！

第1類危険物

・それ自体は不燃物だが、酸素供給体（強酸化剤）のため、可燃物と混合した状態での加熱や衝撃により、爆発の恐れがあります。
・通常、多量の水で冷却し、消火します。ただし、特にアルカリ金属の過酸化物などの無機過酸化物（過酸化○○とよばれる物品）は、水と接触し酸素を放出するので注水不可です。
・多くは無色か白色結晶ですが、一部、色があるものもあります。
・多くは水に溶けますが、一部、溶けないものもあります。
・比重は1を超える（水に沈む）と理解しておきましょう。
・非水溶性、潮解性、吸湿性、色のある物品を覚えておくとよいでしょう。

練習問題 次の問について、○×の判断または空欄を埋めてみましょう。

■ **第1類に共通する特性**

(1) 第1類の危険物は、分解を抑制するために保護液に保存されているものがある（○・×）。

(2) 第1類の危険物の中には、保存容器の内圧上昇および破裂を防ぐために、容器に通気性を持たせる必要があるものがある（○・×）。

(3) 第1類の危険物の中には、分解を防ぐために水で湿らせて貯蔵するものがある（○・×）。

(4) 第1類の危険物には、水と反応して可燃性ガスを生じるものがある（○・×）。

(5) 第1類は、いずれも酸素と窒素を含む化合物である（○・×）。

(6) 第1類の危険物は、いずれも無色もしくは白色の結晶や粉末である（○・×）。

(7) 第1類の危険物を貯蔵する施設内では、危険物入り容器が落下しても衝撃が生じないように、床面に厚手のじゅうたんを敷く（○・×）。

(8) 一般に、第1類の火災を抑制するには、注水により（ A ）性物質の温度を（ B ）以下にすればよい。ただし、無機過酸化物は水と反応して（ C ）を発生する危険性があるので、注水は避けて（ D ）や粉末消火剤（炭酸水素塩類）などを用いる。

解答 ･･･････････････････････････････････

■ **第1類に共通する特性**

(1) × 第1類には、保護液中に保存されるものはありません。知っておくとよいでしょう。

(2) × 第1類の中には、容器に通気性を持たせるものはありません（第5類および第6類の一部が該当します）。知っておくとよいでしょう。

(3) × 第1類には、水で湿らせて貯蔵するものはありません。

(4) × 第1類の無機過酸化物（特にアルカリ金属の無機過酸化物）は、水と反応して酸素を生じますが、可燃性ガス（水素、メタンなど）は生じません。

(5) × 塩素酸カリウム、過酸化ナトリウムなどとよばれていることから分かるように、主に金属、塩素、酸素などが化合しているものです。よって、酸素は含みますが、窒素は含まないものも多くあります。

(6) × 多くは無色や白色の粉末や結晶ですが、色があるものもあります。

(7) × ○にしたくなりますが、じゅうたんは可燃物なので、第1類との混合は危険です。

(8) A：酸化　B：分解温度　C：酸素　D：乾燥砂

練習問題　次の問について、○×の判断をしてみましょう。

■ 塩素酸塩類

(9)　酸素供給体であり、還元性のものが多い。

(10)　塩素酸塩類は赤褐色の粉末である。

(11)　塩素酸カリウムは水にも熱水にも溶けない。

(12)　塩素酸カリウムは、濃硫酸や濃硝酸と接触すると発火・爆発の恐れがある。

(13)　塩素酸カリウムの火災に対して、注水は適さない。

(14)　塩素酸ナトリウムは、水およびアルコールに溶ける。

■ 過塩素酸塩類

(15)　過塩素酸カリウムは、塩素酸カリウムに比べると、可燃性物質との混合による危険性はやや低い。

(16)　過塩素酸ナトリウムは水に溶けやすく潮解性がある。

■ 無機過酸化物

(17)　過酸化カリウムによる火災の消火には、注水が有効である。

(18)　過酸化ナトリウムの比重は1より小さい。

(19)　過酸化カルシウム、過酸化マグネシウムは、酸と混合すると過酸化水素を生じる。

(20)　過酸化バリウムは、アルカリ土類金属の無機過酸化物の中では反応性が最も高い。

■ 亜塩素酸塩類

(21)　亜塩素酸ナトリウムを貯蔵する場合、分解を防ぐための安定剤として酸を加える。

■ 臭素酸塩類

(22)　臭素酸カリウムは、水に溶けると酸化作用がなくなる。

■ 硝酸塩類

(23)　硝酸カリウムは、黒色火薬の原料のひとつである。

(24)　硝酸カリウムは潮解性が強い。

(25)　硝酸ナトリウムは潮解性が強い。

(26)　硝酸アンモニウムは水に溶けるが、その際に発熱する。

(27)　硝酸アンモニウムはアルカリ性の物質と反応してアンモニアを生じる。

解答 ••

■ 塩素酸塩類

(9)　× 第1類に共通の事項として、第1類は酸素供給体であり酸化性を有します。還元性ではありません。

(10)　× 塩素酸塩類はいずれも無色の結晶や粉末です。第1類の中で特有の色がある物品を知っておきましょう。

(11)　× 水には少し、熱水にはよく溶けます。

(12)　○ 第1類に共通の事項として、強酸類との接触は発火・爆発のおそれがあります。

(13)　× 無機過酸化物以外は、基本的に注水が適応します。

(14)　○

■ 過塩素酸塩類

(15)　○

(16)　○

■ 無機過酸化物

(17)　× 第1類の多くは、注水が有効ですが、無機過酸化物（過酸化○○とよばれるもの）だけは、水と激しく反応して酸素（水素等の可燃性ガスではありません！）を生じるものが多いので、注水は不可です。『過酸化○○は注水不可』と理解しておきましょう。

(18)　× 比重は1を超えます。第1類はすべて比重が1より大きいと理解しておきましょう。

(19)　○

(20)　× 過酸化バリウムは、アルカリ土類金属の無機過酸化物の中では最も安定です。

■ 亜塩素酸塩類

(21)　× この物品に限らず、第1類と酸の接触は危険です。

■ 臭素酸塩類

(22)　× 水に溶けたからといって酸化作用がなくなる訳ではありません。

■ 硝酸塩類

(23)　○

(24)　× 「○○カリウム」とよばれるもので潮解性があるのは「過酸化カリウム」だけです。

(25)　○

(26)　× 少し難易度の高い問題です。硝酸アンモニウムは水に溶けるのは正しいですが、その際に「熱を吸収（吸熱）します」。

(27)　○

練習問題　次の問について、○×の判断をしてみましょう。

■ ヨウ素酸塩類

(28) ヨウ素酸ナトリウムは、加熱すると分解してヨウ素を生じる。

(29) ヨウ素酸カリウムは、エタノールには溶けない。

■ 過マンガン酸塩類

(30) 過マンガン酸カリウムは、無色の結晶性粉末である。

■ 重クロム酸塩類

(31) 重クロム酸アンモニウムは、水には溶けないがエタノールによく溶ける。

(32) 重クロム酸カリウムは、水にもエタノールにも溶ける。

(33) 重クロム酸アンモニウムを熱すると、窒素ガスを生じる。

■ その他のもので政令で定めるもの（重要なもの）

(34) 三酸化クロムは、白い粉末で水に溶けにくい。

(35) 二酸化鉛は水によく溶ける。

(36) 二酸化鉛は無色の粉末である。

(37) 亜硝酸ナトリウムの水溶液は強い酸性を示す。

(38) 次亜塩素酸カルシウムは、加熱などにより分解して塩素を放出する。

(39) ペルオキソ二硫酸カリウムは、水や熱水に溶けない。

(40) 炭酸ナトリウム過酸化水素付加物は、不燃性のため高温でも取り扱いが可能である。

解答 ....

■ ヨウ素酸塩類

(28) × 酸素を生じます。ヨウ素酸塩類（ヨウ素酸ナトリウム、ヨウ素酸カリウム）に共通していえることですが、分解してもヨウ素は生じません。

(29) ○ ヨウ素酸塩類（ヨウ素酸ナトリウム、ヨウ素酸カリウム）に共通していえることですが、水には溶けますがエタノールには溶けません。

■ 過マンガン酸塩類

(30) × 赤紫色（金属光沢あり）の結晶です。ちなみに、過マンガン酸ナトリウムは赤紫色の粉末です。つまり、過マンガン酸塩類は赤紫色です。

■ 重クロム酸塩類

(31) × 水にも溶けます。

(32) × 重クロム酸カリウムは、水に溶けますがエタノールには溶けません。

(33) ○

■ その他のもので政令で定めるもの（重要なもの）

(34) × 暗赤色の針状結晶で水によく溶けます。

(35) × 水に溶けません。

(36) × 黒褐色の粉末です。

(37) × 水溶液はアルカリ性です。

(38) × 分解して酸素を出します。塩素は出しません。ちなみに、空気中では次亜塩素酸（HClO）を遊離するため強烈な塩素臭があります（塩素を生じているわけではありません）。

(39) × 水にもある程度溶け、熱水にはよく溶けます。

(40) × 熱分解して酸素を発生するため、高温での取り扱いは避ける必要があります。

2章 第1類の危険物 章末問題

問 題

問題1

☑ ☑ ☑

第1類の危険物について、誤っているものはいくつあるか。

A： 保護液として水中に保存されるものがある。
B： 多くは有機化合物である。
C： 水と反応して可燃性ガスを生じるものがある。
D： 酸化されやすいものとの混合により発火や爆発する危険性がある。
E： 20℃の空気中においても、酸化熱の蓄積により発火することがある。

(1) 1つ　　(2) 2つ　　(3) 3つ　　(4) 4つ　　(5) 5つ

問題2

☑ ☑ ☑

第1類のすべてに共通する貯蔵・取扱方法で、誤っているものはどれか。

(1) 水との接触を避ける。
(2) 強酸類との接触を避ける。
(3) 密封して冷暗所に貯蔵する。
(4) 火気、加熱、摩擦を避ける。
(5) 可燃物との接触を避ける。

問題3

☑ ☑ ☑

第1類の危険物の性状について、誤っているものはどれか。

(1) 塩素酸ナトリウム………潮解性がある。
(2) 過塩素酸カリウム………加熱すると分解して酸素を放出する。
(3) 過酸化カルシウム………水と作用して酸素を発生する。
(4) 硝酸カリウム……………黒色火薬の原料である。
(5) 塩素酸ナトリウム………オレンジ色の粉末である。

問題4

第1類の危険物の性状について、誤っているものはどれか。

(1) 水に溶けるものがある。
(2) 水と反応して可燃性ガスを発生するものがある。
(3) 酸化性を有する固体である。
(4) 一般に、それ自体は不燃性である。
(5) 可燃物と混合すると、衝撃や摩擦などで爆発する危険性がある。

問題5

第1類の危険物の火災予防法について、誤っているものはどれか。

(1) 加熱、衝撃、摩擦を避ける。
(2) 容器は密栓して冷暗所に貯蔵する。
(3) 有機物や酸化されやすい物質との接触を避ける。
(4) 強酸との接触を避ける。
(5) 窒素、二酸化炭素との接触を避ける。

問題6

第1類の危険物を貯蔵または取り扱う施設の構造、設備、容器などについて、次の記述のうち不適切なものはいくつあるか。

A： 他の類の危険物といっしょに貯蔵する際は、第4類との同時貯蔵はできないが、第2類であれば同時に貯蔵できる。
B： 換気設備や照明設備は、防爆構造でなくてもよい。
C： 火災に備えて、二酸化炭素消火設備を設ける。
D： 危険物入り容器が落下した際に衝撃が生じないように、床に厚手のじゅうたんを敷く。
E：容器は必ず金属製のものを用い、ガラスやプラスチック製のものは用いてはならない。

(1) 1つ　　(2) 2つ　　(3) 3つ　　(4) 4つ　　(5) 5つ

問題7

次の危険物にかかわる火災の初期消火の方法として、誤っているものはどれか。

	物品名	消火法
(1)	過酸化カリウム	霧状の強化液消火剤を放射する
(2)	過塩素酸カリウム	霧状の水を放射する
(3)	過酸化ナトリウム	炭酸水素塩類の粉末消火器を放射する
(4)	塩素酸カリウム	泡消火剤を放射する
(5)	硝酸ナトリウム	多量の注水を行う

問題8

第1類の危険物と、紙類が混合して火災が生じたとき、最も効果的な消火方法はどれか。

(1) 泡消火剤により消火する。

(2) ハロゲン化物消火剤により消火する。

(3) 二酸化炭素消火剤により消火する。

(4) 塩素酸塩類、硝酸塩類を除き、大量の水をかけて消火する。

(5) 無機過酸化物を除き、大量の水をかけて消火する。

問題9

第1類の危険物にかかわる火災に対して、窒息消火は効果が期待できないが、その理由として正しいものはどれか。

(1) 二酸化炭素が触媒となり分解が促進されるため。

(2) 燃焼速度が非常に速いため。

(3) 危険物自体が分解して酸素を供給するため。

(4) それ自体、不燃性のため。

(5) 自己燃焼(内部燃焼)するため。

問題10

次の空欄A〜Dに当てはまる語句の組合せで正しいものはどれか。

『第1類の危険物による火災は、分解して生じた「　A　」が可燃物を「　B　」することで生じる。そのため、消火には大量の水を用いて第1類の危険物を「　C　」以下にすればよい。ただし、「　D　」には注水は適用できない。』

	A	B	C	D
(1)	水素	還元	引火点	硝酸塩類
(2)	酸素	酸化	分解温度	無機過酸化物
(3)	水素	還元	分解温度	硝酸塩類
(4)	酸素	酸化	引火点	無機過酸化物
(5)	酸素	酸化	発火点	過塩素酸塩類

問題11

塩素酸カリウムの性状として、誤っているものはどれか。

(1) 赤リン、硫黄と接触すると、衝撃などで爆発する恐れがある。

(2) 水によく溶ける。

(3) アンモニアと混合すると不安定な塩素酸塩を生じ、自然爆発する恐れがある。

(4) 比重は1より大きい。

(5) 注水による消火が適する。

問題12

塩素酸ナトリウムの性状として、誤っているものはどれか。

(1) 水には溶けるがアルコールには溶けない。

(2) 潮解性がある。

(3) 加熱すると約300℃で分解して酸素を発生する。

(4) 無色の結晶である。

(5) 可燃物と混合すると衝撃等で爆発する危険性がある。

問題13 ☑☑☑

過塩素酸塩類の性状として、誤っているものはどれか。

(1) 硫黄、赤リンなどの可燃性物質と混合したものに衝撃を加えると、爆発する恐れがある。
(2) 過塩素酸カリウムは、水には溶けにくい。
(3) 過塩素酸ナトリウムは、水によく溶け、潮解性がある。
(4) 過塩素酸アンモニウムの比重は1を超える。
(5) 注水による消火ができない。

問題14 ☑☑☑

過塩素酸カリウムの性状として、誤っているものはどれか。

(1) 水に溶けにくい。
(2) 強い酸化力を有する。
(3) 比重は1を超える。
(4) 加熱すると分解し、400℃程度で主に塩素とカリウムを生じる。
(5) 無色の結晶である。

問題15 ☑☑☑

過塩素酸アンモニウムの性状として、誤っているものはどれか。

(1) エーテルには溶けない。
(2) 水、エタノール、アセトンに溶ける。
(3) 分解温度になると分解して酸素を放出し、自己燃焼する。
(4) 注水による消火が適応する。
(5) 潮解性はない。

問題16 ☑☑☑

過酸化カリウムの性状として、誤っているものはどれか。

(1) オレンジ色の粉末である。
(2) 吸湿性・潮解性を有する。
(3) 消火時は、注水を避け、乾燥砂などを用いる。

（4）有機物などから隔離し、容器を密栓して貯蔵する。

（5）水と反応し、水素を生じる。

問題17 ✓ ✓ ✓

過酸化ナトリウムに注水した場合、発生する気体は次のうちいくつあるか。

A： 酸素

B： 過酸化水素

C： 二酸化炭素

D： 硫化水素

E： 水素

（1）1つ　　（2）2つ　　（3）3つ　　（4）4つ　　（5）5つ

問題18 ✓ ✓ ✓

過酸化ナトリウムの貯蔵・取り扱い方法に関する記述で、正しいものは次のうちいくつあるか。

A： 爆発的な分解を避けるために、水で湿らせて貯蔵する。

B： 安定剤として、少量の赤リンを混ぜることで、長期貯蔵がしやすい。

C： 容器の内圧上昇を防ぐため、容器には通気口を設ける。

D： 有機物との接触を避ける。

E： 直射日光を避け、冷暗所に貯蔵する。

（1）1つ　　（2）2つ　　（3）3つ　　（4）4つ　　（5）5つ

問題19 ✓ ✓ ✓

亜塩素酸ナトリウムの性状について、正しいものはどれか。

（1）赤褐色の結晶性粉末である。

（2）直射日光や紫外線を受けると反応しにくくなる。

（3）鉄、銅、銅合金などの金属を腐食する。

（4）水に溶けない。

（5）加熱すると水素、塩素酸ナトリウム、塩化ナトリウムに分解する。

問題20 ☑☑☑

臭素酸カリウムの性状について、誤っているものはどれか。

（1）アルコールに溶けにくい。

（2）水に溶けて酸化作用がなくなる。

（3）加熱すると分解して酸素と臭化カリウムを生じる。

（4）無色の結晶性粉末である。

（5）強酸と接触すると分解する。

問題21 ☑☑☑

硝酸ナトリウムの性状として、誤っているものはどれか。

（1）潮解性がある。

（2）無色の結晶である。

（3）水に溶けない。

（4）比重は1を超える。

（5）加熱すると分解して酸素を放出する。

問題22 ☑☑☑

硝酸アンモニウムの性状として、誤っているものはどれか。

（1）無色の結晶または結晶性粉末であり、肥料や火薬の原料にもなる。

（2）水およびエタノールに溶けない。

（3）アルカリ性の物質と反応し、アンモニアを生じる。

（4）約210℃で分解し、亜酸化窒素と水を生じ、さらに加熱すると爆発的に分解する。

（5）金属粉と混合した場合、加熱、衝撃、摩擦などで爆発する。

問題23 ☑☑☑

ヨウ素酸カリウムの性状について、誤っているものはどれか。

（1）無色の結晶である。

（2）水に溶ける。

（3）比重は1を超える。

(4) 加熱すると分解してヨウ素を発生する。

(5) エタノールには溶けない。

問題24　☑☑☑

過マンガン酸カリウムの性状について、正しいものはどれか。

(1) 赤紫色で金属光沢を持つ結晶である。

(2) 水に溶けて酸素を発生する。

(3) 比重は1より小さい。

(4) 容器には通気性を持たせて貯蔵する。

(5) 常温 (20℃) でも分解して酸素を発生する。

問題25　☑☑☑

重クロム酸アンモニウムと重クロム酸カリウムに共通する性状として、誤っているものはどれか。

(1) 比重は1を超える。

(2) どちらも無色ではなく、橙黄色や橙赤色の色を持つ。

(3) 消火には注水が適する。

(4) 有機物と混合すると爆発する危険性がある。

(5) 水に溶けるが、エタノールには溶けない。

問題26　☑☑☑

二酸化鉛の性状として、誤っているものはどれか。

(1) 毒性がある。

(2) 黒褐色の粉末である。

(3) 水によく溶ける。

(4) 導電性があり、電極などにも用いられる。

(5) 加熱すると分解して酸素を放出する。

問題27 ✓✓✓

三酸化クロムの性状として、誤っているものはどれか。

(1) 潮解性がある。
(2) 暗赤色の針状結晶である。
(3) 有毒で皮膚を腐食させる。
(4) 注水による消火が適応する。
(5) 水との接触を避けるために、アルコール中に貯蔵する。

問題28 ✓✓✓

亜硝酸ナトリウムの性状について、誤っているものはどれか。

(1) 水溶液は強い酸性を示す。
(2) 水に溶ける。
(3) 比重は1を超える。
(4) 吸湿性がある。
(5) 白色もしくは淡黄色の固体である。

問題29 ✓✓✓

次亜塩素酸カルシウムの性状について、誤っているものはどれか。

(1) 水と反応して塩化水素ガスを生じる。
(2) 加熱すると分解して塩素を発生する。
(3) アンモニアと混合すると、爆発の危険性がある。
(4) 白色の粉末状である。
(5) 水溶液は熱や光により分解して酸素を発生する。

問題30 ✓✓✓

ペルオキソ二硫酸カリウムの性状について、誤っているものはどれか。

(1) 消火時には注水が適する。
(2) 乾燥状態で冷暗所に貯蔵する。
(3) 約100℃で分解して酸素を生じる。
(4) 白色の結晶または粉末である。
(5) 水には溶けない。

解　答　・　解　説

問題1
解答（4）

A、B、C、Eが誤りです。理由は次の通りです。

A：第1類で保護液中に貯蔵されるものはありません。B：多くは無機化合物です。C：無機過酸化物は水と反応しますが、生じるのは可燃性ガスではなく「酸素」です。E：第1類は酸化性固体ですので、そもそも単独では燃焼しません。

問題2
解答（1）

第1類の無機過酸化物を除いて、多くの物品は水による消火が適しています。よって、（1）が誤りです。

問題3
解答（5）

塩素酸ナトリウムは無色の結晶です。第1類は無色の結晶や粉末が多い。色があるものだけを覚えておくと、この手の問題には完璧に対応できますが、覚えていなくても「多くは無色の結晶」と理解しておけば、正解の可能性が高いです。

問題4
解答（2）

第1類のアルカリ金属の過酸化物は水と反応して分解しますが、発生するのは可燃性ガスではなく酸素です。

問題5
解答（5）

窒素、二酸化炭素は不活性ガスですので、第1類の危険物と接触したとしても爆発や火災を招く直接の原因にはなりません。

問題6
解答（4）

B以外は不適切です。Bについては、可燃性混合気などが形成されるような施設ではなければ、必ずしも防爆構造にする必要はありません（第1類はそれ自体は不燃性です）。それ以外の記述が正しくない理由は次の通りです。

A：第1類は可燃物との混合は危険ですので、第4類はもちろん、第2類との接触も危険です。C：第1類は分解して酸素を供給するため、周りの空気を遮断する窒息消火は効果がありません。通常は、乾燥砂などを準備します。D：

正しいと思いがちですが、正しくはありません。じゅうたんは可燃物です。第1類との接触は危険です。E：用途を満たしていれば、ガラスやプラスチック製の容器も使えます。必ず金属製でなければならない決まりはありません。

問題7 解答（1）

第1類の消火法の基本は次の通りです。

① 無機過酸化物を除く第1類：水による消火が最も効果があります。よって、水系の消火剤（水、強化液、泡）は使用できます。

② 無機過酸化物：水と反応するものが多いので、水系の消火剤が適しません。乾燥砂、粉末消火剤等を使用して消火します。

③ 窒息消火は期待できません。そのため、二酸化炭素消火剤とハロゲン化物消火剤は使用できません。

（1）無機過酸化物である過酸化カリウムは水と反応して**酸素**を発生します。そのため、水が主成分である強化液消火剤は使用できません。

問題8 解答（5）

第1類の多くに対して最も効果的な消火方法は、大量の水をかけることによる冷却消火です。ただし、アルカリ金属の過酸化物は、水と激しく反応して酸素を発生しますので、水による消火ができません。（5）以外が適さない理由は次の通りです。

（1）泡消火剤も、水系の消火剤ですが、大量の注水に比べると冷却効果が低いので、最適ではありません。（2）ハロゲン化物消火剤は、第1類の火災に対して効果が期待できません。（3）危険物自体が分解して酸素を供給するので、窒息消火は効果がありません。（4）塩素酸塩類、硝酸塩類ともに、水による消火が最も適します。

問題9 解答（3）

第1類の危険物は、分解して酸素を発生することで、可燃物の燃焼を促進させます。つまり、第1類が存在する中で火災が起きている場合、可燃物に対して第1類の危険物が直接酸素を供給しますので、周りの空気中の酸素を遮断する窒息消火では、効果が期待できません。

問題10

　第1類は、加熱等により分解し酸素を放出して可燃物を酸化します。そのため、注水して分解温度以下にすれば、火災を抑制できます。ただし、**無機過酸化物**（過酸化○○とよばれるもの）は、水と反応して分解して酸素を放出するものが多いので、注水による消火はできません。

問題11

　塩素酸カリウムは、水に溶けにくいです（熱水には溶けます）。

問題12

　塩素酸ナトリウムは水、アルコールに溶けます。アルコールに溶けることを知らなくても、選択肢（3）〜（5）は第1類の多くに共通する内容なので、消去法で正答できる可能性が高い問題です。「○○℃で分解して酸素を放出する」という共通の性質においては、分解温度が正しいかが問われることは、ほとんどないと思われます（○○℃の部分は気にしなくてもよいと思います）。

問題13

　過塩素酸塩類の消火は、大量の注水が適します。第1類で注水ができないのは、「無機過酸化物」です。つまり、「過酸化○○」とよばれるものだけであることを知っておけば正答できます。

問題14

　塩素酸カリウムが分解すると、主に酸素を放出します。塩素とカリウムに分解するわけではありません。第1類の基本は、分解して酸素（O_2）を放出することです。

問題15

　第1類のほとんどは、分解温度になると分解して酸素を放出するのが特徴です。自己燃焼は燃焼しません。自己燃焼をするのは第5類の危険物です。

問題16

　第1類の無機過酸化物（過酸化○○）は、すべてに共通の事項として、水と作

用して水素を発生しません。発生するのは酸素です。この点だけを知っておけば、選択肢 (1) ～ (4) の内容を知らなくても正答が可能な問題です。水と作用して水素を発生するのは、第3類のアルカリ (土類) 金属、第2類の金属粉などです。

問題17 解答 (1)

第1類の危険物は、分解して酸素を放出します。特に、アルカリ金属の過酸化物は、水とも反応して分解し、酸素を出します。ちなみに、過酸化ナトリウムは、水と作用して酸素と水酸化ナトリウムを生じます。

問題18 解答 (2)

D、Eが正しい記述です。第1類は分解して酸素を供給する酸化性物質のため、有機物や可燃物との接触と加熱は厳禁です。加えて、アルカリ金属の過酸化物は、水との接触も厳禁です。つまり、A、B、Cが正しくない理由は次の通りです。

A：水との接触は危険です。B：赤リンは可燃物 (第2類：可燃性固体) なので、第1類との接触により爆発の危険性があります。C：容器は密栓します。

問題19 解答 (3)

亜塩素酸ナトリウムは、鉄、銅などを腐食します。(3) 以外が正しくない理由は次の通りです。

(1) 無色の結晶性粉末です。(2) 直射日光や紫外線で徐々に分解します。分解しにくくなることはありません。(4) 水に溶けます。(5) 加熱すると酸素、塩素酸ナトリウム、塩化ナトリウムに分解します。第1類で分解して水素を出す物品はありません。

問題20 解答 (2)

この物品に限らず、水に溶けて酸化作用がなくなる訳ではありません (有機物などと接触すればそれを酸化します)。

問題21 解答 (3)

硝酸ナトリウムは水によく溶けます。第1類の○○ナトリウムとよばれるものは、すべて水に溶けると覚えておくとよいでしょう (過酸化ナトリウムは、水と反応して酸素を放出します)。その他、第1類は水に溶けるものが多い。

水に溶けにくい物として、塩素酸カリウム（熱水には溶ける）、過塩素酸カリウム、二酸化鉛を知っておけばよいでしょう（それ以外はほとんどのものが水に溶ける）。

問題22

解答（2）

硝酸アンモニウムは水およびアルコール（エタノール、メタノール）に溶けます。

問題23

解答（4）

加熱すると分解して酸素を発生しますが、ヨウ素は発生しません。

問題24

解答（1）

第1類の多くは無色もしくは白色ですが、過マンガン酸塩類のように色がある物品もあります。色付きの物品を覚えておくとよいでしょう。（1）以外が正しくない理由は次の通りです。

（2）水に溶けますが、酸素は出しません（水と作用して酸素を出すのはアルカリ金属の過酸化物です）。（3）比重は1を超えます（第1類は基本的に比重が1を超えると覚えておけば問題ありません）。（4）容器は密栓します。（5）常温では分解しません。約200℃で分解します。

問題25

解答（5）

重クロム酸アンモニウムは、水とエタノールの両方に溶けますが、重クロム酸カリウムは、水には溶けますがエタノールには溶けません。

問題26

解答（3）

二酸化鉛は水に溶けません。第1類で出題されやすい物品の中で、水に溶けない（あるいは溶けにくい）のは、塩素酸カリウム、過塩素酸カリウム、二酸化鉛が代表的です（ただし、水と反応しやすい無機過酸化物は除く）。

問題27

解答（5）

そもそも第1類は酸化性固体ですので、アルコール他、可燃性物質や有機物との接触は厳禁です。実はこの問題は、三酸化クロムの個別の特性を知らなくても、正答できます。

問題28　　　　　　　　　　　　　　　　　　　解答（1）

亜硝酸ナトリウムの水溶液はアルカリ性を示します。

問題29　　　　　　　　　　　　　　　　　　　解答（2）

分解して酸素を発生します。

問題30　　　　　　　　　　　　　　　　　　　解答（5）

基本的に水に溶けます（水にわずかに溶け、熱水に溶ける）。

コラム　正答を導くための秘訣2

　問題の中には、学んだことがない文言が出てくることもあるかもしれません。「学んだ記憶がないマニアックな問題文」が出た場合は、「それは正解には関係ない」と割り切るとよいでしょう。

　知らない文章が出ると、「それが正解なのではないか？」という心理が働きがちですが、そのほかの部分に意外と簡単に正解が隠れている可能性があります。「危険物の共通性質」にあてはめて冷静に考えてみてください。正解にたどり着ける確率が上がります。

　危険物の共通性質を知っていれば、各物品の細かい性質が分からなかった時でも正答にたどり着けます。問題の例を次に示します。

問題　三酸化クロムの性状として、誤っているものはどれか。

　（1）潮解性がある。
　（2）暗赤色の針状結晶である。
　（3）有毒で皮膚を腐食させる。
　（4）注水による消火が適応する。
　（5）水との接触を避けるために、アルコール中に貯蔵する。

解答（5）

　もし、三酸化クロムの色、毒性、潮解性の有無を知らなかった場合、解答に迷うと思います。しかし、次の共通的事項を思い出してみてください。
①第1類は酸化性固体⇒<u>可燃物との接触は厳禁</u>
②第1類には保護液中に貯蔵する物品は<u>ない</u>
①か②を知っていれば、（5）が誤りであることが導けます。

第 ③ 章

第2類の危険物
（可燃性固体）

3-1 第2類の危険物

第2類は**可燃性固体**です。火炎によって着火しやすい、あるいは比較的低温（40℃未満）で引火しやすい特性を持った固体です。それ自体または燃焼ガスが有毒のものもあります。

重要 乙種のすべての類の試験に共通し、各類の危険物の共通事項が出題されます。乙種第2類の試験を受ける際には、必ず「第1章 危険物の共通性質（p.15）」をあわせて学習（復習）してください。

1 第2類に共通の事項

第2類に共通の特性、火災予防法、消火法を次の表にまとめます。

▼第2類に共通の特性

特　性	・可燃性の固体であり、酸化されやすい ・一般に、比重は1より大きい ・低温で着火しやすく、燃焼が速い ・有毒なものや、燃焼して有毒ガスを生じるものがある ・酸化剤との接触や混合は、打撃や摩擦等で爆発の恐れがある ・微粉状のものは粉じん爆発の危険性がある ・水や酸との接触により、可燃性ガス（水素）を生じるものがある ・酸だけでなくアルカリとも反応して水素を生じるものがある 　（両性元素であるアルミニウム粉および亜鉛粉）
火災予防法	・炎、火花、高温体などに近づけない ・防湿に注意し、密栓して冷暗所に貯蔵する ・鉄粉、金属粉、マグネシウムなどは、水や酸と接触させない ・粉じん爆発の恐れがある場合、「換気」「静電気蓄積防止」「使用する電気設備を防爆構造にする」「不活性ガスを封入する」等の対策をとる
消火法	水と反応して可燃性ガスや有毒ガスを生じる物品： 乾燥砂などで窒息消火 ・・ 硫化リン（水と反応して有毒で可燃性の硫化水素を発生）、鉄粉、金属粉、マグネシウム（水と反応して水素を発生）など、水と反応する物品には注水や水系の消火剤を使わない

消火法	引火性固体：泡、粉末、二酸化炭素、ハロゲン化物消火剤等で窒息消火
	引火性固体は、蒸発した可燃性蒸気が周囲空気と混合して燃焼するため、蒸発燃焼である。よって、第4類（引火性液体）の火災と同じように、窒息消火や抑制消火で消火する
	上記以外の物品（赤リン、硫黄など）：注水、泡、強化液、乾燥砂など
	注水、泡、強化液などの水系の消火剤で冷却消火をするか、乾燥砂などで窒息消火をする

2 第2類の危険物一覧

第2類（可燃性固体）の品名を次の表にまとめます。

▼第2類：可燃性固体

品　名	特徴
1.硫化リン　2.赤リン　3.硫黄 4.鉄粉　5.金属粉　6.マグネシウム 7.その他のもので政令で定めるもの（未制定） 8.前各号に掲げるもののいずれかを含有するもの 9.引火性固体（固形アルコール、ゴムのり、ラッカーパテ）	固体であり、火炎による着火の危険性を判断する試験または引火の危険性を判断するための試験において政令で定める引火性を有するもの

　第2類には『2.赤リン』がありますが、第3類には『黄リン』があります。両者は類が違いますので注意しましょう。また、『4.鉄粉』は、目開き53 μ m（0.053mm）のふるいを通過するものが50％未満のものは含まれません。つまり、粒径が大きいものは除外されます。

　『5.金属粉』には、銅粉とニッケル粉は含まれません。また、金属粉の対象となる金属種でも、目開き150 μ m（0.15mm）のふるいを通過するものが50％未満のサイズのものも除外されます。

　その他、『9.引火性固体』は、固形アルコールその他1気圧において引火点が40℃未満のものを指します。引火点が40℃以上のものは含まれないことを押えておきましょう。

　各品名に分類される具体的な物品一覧を次に示します。詳細はこの後物品ごとに説明していきますので、次の表は全体像をつかむのに利用してください。

▼第2類：可燃性固体

品　名		物品名	消火法	特記事項	
硫化リン		三硫化リン	乾燥砂や不活性ガスによる窒息消火　**乾燥砂**　**不活性ガス**	水や熱湯と反応し有毒・可燃性の硫化水素（H_2S）を発生	
		五硫化リン			
		七硫化リン			
赤リン			注水消火　**注水消火**	粉じん爆発に注意	
硫　黄			水（水と土砂）		
鉄　粉			乾燥砂などで窒息消火　**乾燥砂**	酸	との接触を避ける
金属粉		アルミニウム粉		水分・酸・アルカリ・ハロゲン元素	
		亜鉛粉			
マグネシウム				水分	
引火性固体		固形アルコール	泡、二酸化炭素、粉末、ハロゲン化物消火剤		
		ゴムのり			
		ラッカーパテ			

3　品名ごとの特性

　以降、各物品の重要特性を一覧表にまとめ、学びます。以下の表の中で、覚える必要がない細かい数値などは、重点をぼやかしてしまうため、あえて掲載していません。空欄やグレーの部分は、覚える必要はありません。

(1) 硫化リン

　リン（P）の硫化物であり、リン（P）硫黄（S）の組成比により「三硫化リン」「五硫化リン」「七硫化リン」などに区分されます。

【例】　三硫化リン P_4S_3　　五硫化リン P_2S_5　　七硫化リン P_4S_7

> **ポイント**　水や熱湯などと反応して有毒で可燃性の硫化水素（H_2S）を発生するので、注水消火は適用できない。

▼硫化リン

物品名 化学式	三硫化リン P_4S_3	五硫化リン P_2S_5	七硫化リン P_4S_7
形状	黄色または淡黄色の結晶		
比重 融点 沸点	2.03　 172.5℃　 407℃	2.09 290.2℃ 514℃	2.19 310℃ 523℃
	・比重は1より大きい（約2） ・比重、融点、沸点ともに「三硫化リン＜五硫化リン＜七硫化リン」の順に高くなる		
溶解性	二硫化炭素		
	ベンゼン	－	－
性質・ 危険性	・水、熱水と反応して有毒かつ可燃性の硫化水素（H_2S）を発生（三硫化リンは水とはわずかに反応する） ・燃焼すると二酸化硫黄（SO_2）などの有毒ガスを発生する		
火災予防法	・加熱、摩擦、衝撃を避ける ・水分と接触させない ・容器は密栓し、換気のよい冷暗所に保管		
消火法	・乾燥砂または不活性ガス（CO_2など）消火剤 ・水系の消火剤の使用は避ける（硫化水素が発生するため）		
その他	100℃で発火する		

注意！

硫化リンが水や熱水と作用して発生するのは「リン化水素」と問われたら誤りです。
正しくは「硫化水素」です。「リン」という名前に惑わされないように注意しましょう！

※グレーの数値を覚えなくてもOK。順序が並んでいることを理解しておきましょう

第3章　第2類の危険物（可燃性固体）

（2）赤リン

　赤リンは、第3類の黄リンと同素体であり、マッチの材料などに用いられています。黄リンを窒素雰囲気中で250℃付近で数時間加熱すると生成されます。

> ポイント　赤褐色の粉末で無臭無毒であるが、燃焼すると有毒なリン酸化物を発生する。

▼赤リン

物品名 化学式	赤リン P
形状	赤褐色の粉末
比重	1より大きい（2.1 〜 2.3）
溶解性	特になし（水、二硫化炭素、ベンゼンに溶けない）
性質・危険性	・1気圧において、約400℃で昇華する ・260℃で発火して酸化リン（十酸化四リンなどのリン酸化物）になる ・マッチ側面の材料に用いられる ・臭気も毒性もない（ただし、燃焼生成物であるリン酸化物は有毒である） ・粉じん爆発することがある ・黄リン（第3類：自然発火しやすい）から作られるため、黄リンを含んだ不良品は、自然発火する危険がある（赤リンと黄リンは同素体）
火災予防法	・火気を避ける ・酸化剤との混合を避ける ・容器は密栓し、冷暗所に保管
消火法	注水消火

※赤リンは、第3類の黄リンとの違いを理解しているかを問う問題が出題されます。第3類の黄リン（p.104）の特性もチェックしておくとよいでしょう。

（3）硫黄

　硫黄は、斜方硫黄、単斜硫黄、ゴム状硫黄などの同素体があります。

> ポイント　黄色の粉末で、燃焼すると有毒な二酸化硫黄（SO_2）を発生する。静電気が蓄積しやすく、粉末は粉じん爆発の危険性がある。

(4) 鉄粉

鉄粉は、目開き53μm（0.053mm）の網ふるいを通過するものが50%未満のものは（粒径が大きいものは）、鉄粉から除外されます。

| ポイント | 酸に溶けて水素を発生する。酸、可燃物、火気、水分との接触を避け、火災時は乾燥砂等で窒息消火する。 |

▼硫黄と鉄粉

物品名 化学式	硫黄 S	鉄粉 Fe
形状	黄色の固体（斜方硫黄、単斜硫黄、ゴム状硫黄などの同素体がある）	灰白色の金属結晶、粉末
比重	1より大きい（1.8）	1より大きい（7.9）
溶解性	二硫化炭素によく溶ける。エタノール、ジエチルエーテル、ベンゼンにわずかに溶ける	酸に溶けて水素を発生。アルカリとは反応しない
性質・危険性	・融点が低く（115℃）、火災時に流出しやすい ・無味無臭 ・青い炎を出して燃焼し、有毒な二酸化硫黄（SO_2）を生じる ・粉末状で飛散すると粉じん爆発の恐れがある ・電気の不良導体で、摩擦等で静電気が生じやすい ・融解しやすいため、溶融状態で保存することがある ・クラフト紙、麻袋に詰めて貯蔵できる ・黒色火薬、硫酸の原料になる ・高温で多くの金属と反応して硫化物をつくる	・油の染みた切削屑は、自然発火する恐れがある ・微粉状のものは粉じん爆発する恐れがある ・燃焼すると酸化鉄（Fe_2O_3）になる
火災予防法	・硫化リンに準ずる ・静電気対策をする	・酸との接触を避ける ・火気や加熱を避ける ・湿気を避け、容器は密封する
消火法	水と土砂で流動を防ぎながら消火	・乾燥砂、膨張真珠岩（パーライト）などで窒息消火

(5) 金属粉

　消防法上の金属粉は、アルミニウム粉と亜鉛粉を指します※。ただし、目開きが150μm（0.15mm）の網ふるいを通過するものが50％未満のものは除外されます。

※ くわしくは、『アルカリ金属（Li、K、Naなど）、アルカリ土類金属（Ca、Baなど）、鉄、マグネシウム以外の金属の粉であり、銅粉、ニッケル粉および目開きが150μmの網ふるいを通過するものが50％未満のものは危険物から除外される』と定義されます。

> **ポイント** 酸およびアルカリに溶けて水素を発生する。火災時は乾燥砂や金属火災用消火剤で消火する。

(6) マグネシウム

　消防法上、マグネシウムは目開きが2mm（＝2000μm）の網ふるいを通過しない塊状のものおよび直径2mm以上の棒状のものは除外されます。

> **ポイント** 酸に溶けて水素を発生する。酸、可燃物、火気、水分との接触を避け、火災時は乾燥砂等で窒息消火する。

▼金属粉とマグネシウム

物品名 化学式	アルミニウム粉 Al	亜鉛粉 Zn	マグネシウム Mg
形状	銀白色の粉末	灰青色の粉末	銀白色の結晶
比重	1より大きい		
	2.7（軽金属）	7.1	1.7（軽金属）
融点	660℃	419.5℃	649℃
性質・危険性	・酸・アルカリと反応し水素を発生 ・水と徐々に反応し水素を発生 ・空気中の水分およびハロゲン元素と接触し、自然発火する恐れがある ・微粉状のものは粉じん爆発する恐れがある **粉塵爆発** ・燃焼すると酸化物になる（Alは酸化アルミニウム、Znは酸化亜鉛）		・点火すると白光を放ち激しく燃焼し、酸化マグネシウムになる ・希薄な酸、熱水と反応し水素を発生（冷水とも徐々に反応し水素を発生） ・空気中の水分と反応し、自然発火する恐れがある ・酸化剤と混合すると加熱や衝撃で爆発する恐れがある

物品名 化学式	アルミニウム粉 Al	亜鉛粉 Zn	マグネシウム Mg
火災予防法	・酸化剤と混合させない ・水分およびハロゲン化物との接触を避ける ・火気や加熱を避ける ・容器は密封する		・酸化剤との接触を避ける ・水分との接触を避ける ・火気を近づけない ・容器は密栓し冷暗所に保存
消火法	・乾燥砂 ・金属火災用消火剤（注水厳禁）		禁水 乾燥砂
補足事項		硫黄と反応させると硫化亜鉛を生成	

(7) 引火性固体

　固形アルコール、その他1気圧において引火点が40℃未満のもの。常温（20℃）で可燃性蒸気を発生するものもあるため、引火の危険性があります。

▼引火性固体

物品名	固形アルコール	ゴムのり	ラッカーパテ
形状	乳白色のゲル状	ゲル（ゼリー）状の固体	
性質	メタノールやエタノールを凝固剤で固めたもの	・生ゴムを石油系溶剤（ベンジンなど）に溶かした接着剤 ・水に溶けない ・蒸気を吸うと、頭痛、めまいなどを起こす	・下塗り用塗料で、溶剤などからなる ・蒸気を吸うと有機溶剤中毒を起こす
危険性	40℃未満で可燃性蒸気を発生し引火しやすい	常温以下（引火点10℃以下）で可燃性蒸気を発生し引火しやすい	燃えやすい固体で、蒸気が滞留すると爆発の恐れがある
火災予防法	・容器に入れ密栓し、換気のよい冷暗所に保存 ・火気を近づけない		
消火法	泡、二酸化炭素、粉末消火剤、ハロゲン化物消火剤が有効		

ポイント 固体自身が直接燃えるの
ではなく、固体から生じた可燃性蒸気が、
引火・燃焼します。第4類の火災と同様
に、泡、二酸化炭素、粉末、ハロゲン化
物消火剤による窒息消火が有効。

可燃性固体から生じた可燃性
気体が燃焼しているので、第4
類の消火と同じように、
泡、二酸化炭素、粉末
消火剤などが有効

可燃性固体

4　知っておくと便利な特性まとめ

試験で正解を導くために知っておくと便利な特性をまとめます。

(1) 水と反応してガスを発生する物品

物品名	発生ガス
硫化リン［三硫化リン（熱水と反応）、五硫化リン、七硫化リン］	硫化水素（H_2S）
金属粉（アルミニウム粉、亜鉛粉）、マグネシウム	水素（H_2）

(2) 酸またはアルカリに溶けてガスを発生する物品

溶液	溶ける物品		発生ガス
酸	鉄粉、マグネシウム	金属粉 （アルミニウム粉、亜鉛粉）	水素（H_2）
アルカリ			

　水素よりもイオン化傾向が大きい金属（図に示すイオン化列において、水素（H）
よりも左側にある金属）は、酸と反応して水素を発生します。

▼イオン化列

イオン化傾向「大」、反応しやすい、「錆びやすい」

こうり	かりよう	か	な	ま	あ	あ	て	に	す	な	ひ	ど	す	ぎる	しゃっ	きん
Li	K	Ca	Na	Mg	Al	Zn	Fe	Ni	Sn	Pb	(H)	Cu	Hg	Ag	Pt	Au
リチウム	カリウム	カルシウム	ナトリウム	マグネシウム	アルミニウム	あえん	てつ（鉄）	ニッケル	スズ	なまり（鉛）	Hydrogen	どう（銅）	すいぎん（水銀）	ぎん（銀）	はっきん（白金）	きん（金）

　また、両性元素とよばれる金属は、酸だけでなくアルカリとも反応して水素
を発生します。第2類の『アルミニウム粉と亜鉛粉』が両性元素に該当します。
これらは、アルカリとも反応して水素を出します。語呂合わせでイオン化列を

覚えておくと便利です。

(3) 色や形状が特徴的な物品

第2類は基本的に色付きのものばかりです。よって、「無色の固体である」などと問われたら誤りです。そのほか、特徴的な色を知っておくと有用です。

代表的形状	色などに特徴ある物品 (カッコ内が色)
色付きの物品が多い	硫化リンや硫黄 (黄色や黄淡色)、赤リン (赤褐色)、鉄粉 (灰色)、アルミニウム粉やマグネシウム (銀白色)、亜鉛粉 (灰青色)

これだけは押さえておこう！

第2類危険物

- 第2類の代表的な品名は、「硫化リン」「赤リン」「硫黄」「鉄粉」「金属粉」「マグネシウム」「引火性固体」です。
- 低温で着火しやすい可燃性物質で、燃焼が速く、有害ガスを発生するものがあります。
- 酸化剤 (第1類、第6類、空気など) との接触や混合は、打撃などで爆発の危険があります。
- 微粉状のものは粉じん爆発の危険性があります。
- 水や酸との接触で可燃性ガス (水素) や有毒ガスを発生するものがあります。
- 赤リンと硫黄は「水」、引火性固体は第4類のように「泡、二酸化炭素、粉末、ハロゲン化物消火剤」、それ以外は「乾燥砂など」で消火します。

第3章 第2類の危険物 (可燃性固体)

練習問題　次の問について、○×の判断をしてみましょう。

■ 第2類に共通する特性

(1)　第2類の危険物は、水と接触して可燃性ガスを生じるものがあるが、有毒ガスを生じるものはない。

(2)　第2類は、すべて固体の無機物質であり、その燃焼速度は遅い。

(3)　第2類は、比重が1より小さく、水に溶けるものが多い。

(4)　第2類は、酸化剤と混合すると、衝撃や摩擦等で爆発の恐れがある。

(5)　第2類は、酸に溶けて水素を出すものがあるが、アルカリに溶けて水素を出すものはない。

(6)　第2類は、ゲル状のものはない。

(7)　第2類には、水と反応してアセチレンを発生するものがある。

(8)　第2類には、火災予防のために保護液中に沈めて貯蔵する物品はない。

(9)　第2類で蒸気が発生するものは、通気口を持つ容器に貯蔵する。

(10)　金属粉などは、粉じん爆発の恐れがあるので、取り扱いの際には常に空気を循環しておくとよい。

(11)　第2類には、水で消火できる物品はない。

■ 硫化リン

(12)　三硫化リン、五硫化リンは、いずれも水と二硫化炭素によく溶ける。

(13)　硫化リンは、水（または熱湯）と作用して、リン化水素を発生する。

(14)　三硫化リンは100℃で発火の恐れがある。

(15)　硫化リンの融点はいずれも硫黄よりも高い。

(16)　三硫化リンは、水と反応して二硫化炭素を生じる。

(17)　硫化リンの比重は、三硫化リン、五硫化リン、七硫化リンの順に高くなる。

(18)　硫化リンの融点は、三硫化リン、五硫化リン、七硫化リンの順に高くなる。

■ 赤リン

(19)　赤リンは、常圧では100℃で昇華する。

(20)　赤リンを微粉状で空気中に攪拌させると、粉じん爆発する恐れがある。

(21)　赤リンは黄リンの同位体であり、一般に黄リンよりも不安定で危険性が高い。

(22)　赤リンは、水にも二硫化炭素にも溶けない。

(23)　赤リンが燃焼すると、毒性のないリン酸化物を生じる。

(24)　赤リンは、水と反応してリン化水素を生じる。

(25)　赤リンは、空気中で燐光を発する。

解答 ••

■ 第2類に共通する特性

(1)　× 硫化リンは水と反応して有毒なガスである硫化水素を生じます。

(2)　× 引火性固体など、有機物質も含まれます。また、一般に燃焼速度は速い。

(3)　× 一般に、比重は1を超え、水に溶けないものが多い。

(4)　○

(5)　× 酸だけでなく、アルカリに溶けて水素を出す物品もあります（アルミニウム粉、亜鉛粉）。

(6)　× 引火性固体（固形アルコール、ゴムのり、ラッカーパテ）のようにゲル状（ゼリー状）のものも含まれます。

(7)　× 水と反応してアセチレンを生じるのは、第3類の炭化カルシウム（CaC_2）です。第2類が水などと反応して生じるのは主に水素です（ただし、硫化リンは水と反応して硫化水素を生じます）。

(8)　○ 第2類には保護液中に貯蔵するものはありません。

(9)　× 第2類で容器に通気性を持たせる物品はありません。

(10)　× 空気は酸化剤なので、空気での循環は危険です。

(11)　× 赤リンと硫黄は、水による消火が適します。

■ 硫化リン

(12)　× 三硫化リンは、水には溶けません。五硫化リンは水に溶解するのではなく、反応してしまいます。

(13)　× リン化水素ではなく、硫化水素を発生します。

(14)　○ 発火点が特に低いのがポイントです。

(15)　○ いずれも硫黄より高いです。硫黄の融点は115℃と低いのが特徴です。

(16)　× 水と反応して硫化水素を生じます。

(17)　○ 5択問題中に出やすいので、知っておくとよいでしょう。

(18)　○ 5択問題中に出やすいので、知っておくとよいでしょう。

■ 赤リン

(19)　× 赤リンは約400℃で昇華します。

(20)　○

(21)　× 同位体ではなく同素体です。また、黄リンの方が不安定です。

(22)　○

(23)　× 燃焼するとリン酸化物を生じることは正しいですが、人体に有害です。燃焼前の赤リン自体は、無害ですが、燃焼すると有害ガスを生じることに注意しましょう。

(24)　× そもそも、赤リンは水と反応しません。

(25)　× 燐光は発しません。空気中で燐光を出すのは第3類の黄リンです。

練習問題　次の問について、○×の判断をしてみましょう。

■ 硫黄

(26) 硫黄は、基本的に黄色の固体であり、水には溶けず、二硫化炭素に溶ける。

(27) 硫黄は電気をよく通す。

(28) 硫黄が燃焼すると、有毒ガスを生じる。

(29) 硫黄は約80℃で融解する。

■ 鉄粉

(30) 鉄粉は、酸およびアルカリに溶けて水素を発生する。

(31) 油のしみた鉄粉（切削屑など）は、自然発火することがある。

(32) 鉄粉が燃焼すると、白っぽい灰になる。

(33) 鉄粉の消火に、膨張真珠岩（パーライト）は適する。

■ 金属粉

(34) アルミニウム粉は、塩酸と反応して水素を発生するが、水酸化ナトリウム溶液とは反応しない。

(35) アルミニウム粉の火災消火には、乾燥砂をかけて激しく攪拌するのが有効である。

(36) アルミニウム粉は軽金属であり、比重は1より小さい。

(37) アルミニウム粉、亜鉛粉はともに水と反応して酸素を生じる。

(38) 亜鉛粉は、軽金属ではない。

■ マグネシウム

(39) 銀白色の重金属である。

(40) 酸化被膜を生じたものは、さらに酸化が進みやすい。

■ 引火性固体

(41) 引火性固体の引火点は40℃以上であり、常温では引火しない。

(42) 引火性固体は、主に熱分解で発生する可燃性蒸気が燃焼する。

(43) 固形アルコールによる火災の消火には、粉末消火剤は有効である。

(44) ゴムのりは、生ゴムを石油系溶剤に溶かして作られた接着剤で、水によく溶ける。

解答 ●●

■ 硫黄

(26) ○

(27) ×　硫黄は、電気の不良導体です。そのため、摩擦等で静電気が蓄積しやすい。

(28) ○　二酸化硫黄（SO_2）などの有害物質を生じます。「硫」と名の付くものはSを含んでいますので、一般には燃焼してSO_2などの有害ガスを生じると理解しておくと便利です。

(29) ×　115℃で融解します。

■ 鉄粉

(30) × 鉄粉はアルカリには溶けません（アルカリに溶けるのはアルミニウム粉と亜鉛粉）。

(31) ○

(32) × 鉄が燃焼すると酸化鉄になりますが、白くはありません（鉄さびをイメージすると分かりやすいですが、酸化鉄は黒や赤褐色です）。

(33) ○ 鉄粉は、乾燥砂などで消します。膨張真珠岩や膨張ひる石などは、乾燥砂と同等の役割だと理解しておきましょう。

■ 金属粉

(34) × アルミニウムと亜鉛は両性元素とよばれ、酸だけでなくアルカリとも作用して水素を発生します。この問題では、「水酸化ナトリウム」はアルカリです。

(35) × 鉄粉、金属粉などの火災の消火には、乾燥砂による窒息消火が有効ですが、『撹拌する』と窒息効果が得られないので、正しくありません。

(36) × 軽金属（比重4以下）ですが、比重は1よりは大きいです。

(37) × 水素を生じます。水と反応して酸素を生じるのは、第1類のアルカリ金属の過酸化物などです。

(38) ○ 比重7.1で軽金属ではありません。アルミニウムは軽金属です。

■ マグネシウム

(39) × 比重1.7の軽金属です。

(40) × 酸化被膜を生じたものの方が、酸化がしにくくなります。

■ 引火性固体

(41) × 引火点は40℃未満です。

(42) × 少し紛らわしい問題です。引火性固体は、固体が燃焼するのではなく、蒸発した可燃性ガスが燃焼します。設問のように、熱分解したものではありません（熱分解は、化学変化です。固形アルコールの可燃性蒸気は蒸発という物理変化で生じたものです）。

(43) ○ 基本的に第4類と同様に「泡、二酸化炭素、粉末、ハロゲン化物消火剤」などが有効です。

(44) × ゴムのりは水に溶けにくい性質です。

3章 第2類の危険物 章末問題

問 題

問題1 ☑ ☑ ☑

第2類の危険物について、誤っているものはいくつあるか。

- A： 水と接触して、酸素および有毒ガスを生じるものがあるが、可燃性ガスを発生させるものはない。
- B： 比重は1を超え、水に溶けないものが多い。
- C： 粉じん爆発を起こしやすい物品が含まれる。
- D： いずれも、酸化性の固体である。
- E： 空気中の水分と反応して発火する恐れがあるものがある。
- (1) 1つ　　(2) 2つ　　(3) 3つ　　(4) 4つ　　(5) 5つ

問題2 ☑ ☑ ☑

第2類の危険物の一般的性状として、誤っているものはどれか。

- (1) ゲル状のものがある。
- (2) 水に溶けないものが多い。
- (3) 水と反応してアセチレンガスを発生する物品がある。
- (4) 燃焼した際に有毒なガスを発生する物品がある。
- (5) すべて可燃性である。

問題3 ☑ ☑ ☑

次のうち、常温で水と反応して可燃性ガスを生じる物品はいくつあるか。

マグネシウム、五硫化リン、固形アルコール、硫黄、ゴムのり、赤リン
- (1) 1つ　　(2) 2つ　　(3) 3つ　　(4) 4つ　　(5) 5つ

問題4

次のうち、両性元素のみの組合わせはどれか。

A： 亜鉛粉（Zn）
B： マグネシウム（Mg）
C： 硫黄（S）
D： 赤リン（P）
E： アルミニウム粉（Al）

(1) AとB　　(2) BとC　　(3) CとD　　(4) DとE　　(5) AとE

問題5

第2類の危険物に共通する火災予防法として、誤っているものはどれか。

(1) 冷暗所に貯蔵する。
(2) 微粉状のものを扱う場合は、みだりに粉じんを堆積させない。
(3) 還元剤との接触を避ける。
(4) 引火性固体においては、みだりに蒸気を発生させない。
(5) 火気、加熱を避ける。

問題6

第2類の危険物と他の物質の接触によりガスを発生する組み合わせについて、誤っているものはどれか。

(1) 鉄粉と希硫酸が接触すると、硫化水素を発生する。
(2) 亜鉛粉と水酸化ナトリウム水溶液が接触すると水素を発生する。
(3) マグネシウムと塩酸が接触すると水素を発生する。
(4) アルミニウム粉と水が接触すると水素を発生する。
(5) 五硫化リンと水が接触すると硫化水素を発生する。

問題7

　硫黄とほかの物質が接触する次のケースにおいて、火災予防上最も危険なものはどれか。

　（1）クラフト紙でできた袋に硫黄を入れる。
　（2）麻でできた袋に硫黄を入れる。
　（3）硫黄に水をかける。
　（4）硫黄と第1類の危険物をいっしょにして、乾燥した場所に貯蔵する。
　（5）硫黄を、窒素が封入された容器内に入れる。

問題8

　第2類の危険物には、粉じん爆発を起こすものがある。粉じん爆発を防止する方法として、誤っているものはどれか。

　（1）粉じんが発生する場所では火気を使用しない。
　（2）粉じんが発生する場所で用いる電気機器類は防爆構造のものにする。
　（3）室内で粉じんが発生する場合、粉じんの蓄積を防ぐように、常に室内の空気を循環させる。
　（4）粉じんを取り扱う装置内などに、窒素などの不活性ガスを封入する。
　（5）粉じんが発生する場所で用いる設備を接地し、静電気の蓄積を防ぐ。

問題9

　第2類の危険物と、その火災に適応する消火剤の組合せで、最も適切なものはどれか。

　（1）五硫化リン・・・・・・・・泡消火剤
　（2）赤リン・・・・・・・・・・注水
　（3）硫黄・・・・・・・・・・・二酸化炭素消火剤
　（4）アルミニウム粉・・・・・ハロゲン化物消火剤
　（5）マグネシウム・・・・・・強化液消火剤

問題10

次の危険物のうち、霧状の注水による消火が有効なものはどれか。

A： 硫化リン
B： 亜鉛粉
C： 赤リン
D： 硫黄
E： 引火性固体
（1）AとB　　（2）BとC　　（3）CとD　　（4）DとE　　（5）AとE

問題11

次のうち、泡消火剤が適用できる危険物はどれか。

（1）鉄粉
（2）硫化リン
（3）アルミニウム粉
（4）マグネシウム
（5）固形アルコール

問題12

硫化リンの性状として、正しいものはどれか。

（1）五硫化リンは、水と作用して有毒なリン化水素を発生する。
（2）比重は1より小さい。
（3）すべて二硫化炭素には溶けない。
（4）消火の際、乾燥砂は適応しない。
（5）燃焼すると、有毒なガスを発生する。

問題13

三硫化リンの性状として、誤っているものはどれか。

(1) 加水分解すると二硫化炭素を生じる。

(2) 空気中で加熱すると100℃で発火する。

(3) 五硫化リン、七硫化リンに比べて融点が低い。

(4) 熱水と反応して分解するが、冷水とは反応しない。

(5) ベンゼンに溶ける。

問題14

硫化リンの性状として、誤っているものはいくつあるか。

A：黄色（黄色または淡黄色）の固体である。

B：加熱すると昇華する。

C：水または熱湯と反応して可燃性ガスを生じる。

D：燃焼すると、有毒なガスを発生する。

E：五硫化リンは、水と作用して有毒なリン化水素を発生する。

(1) 1つ　　(2) 2つ　　(3) 3つ　　(4) 4つ　　(5) 5つ

問題15

赤リンの性状として、誤っているものはどれか。

(1) 燃焼すると、毒性があるリン酸化物を生じる。

(2) 微粉状のものは粉じん爆発する恐れがある。

(3) 約400℃で昇華する。

(4) 赤褐色で猛毒の粉末である。

(5) 黄リンの同素体である。

問題16

赤リンの性状として、正しいものはいくつあるか。

A： 空気中で自然発火する。
B： 赤褐色の粉末である。
C： 特有の臭気があり、有毒である。
D： 空気中で燐光を発する。
E： 水には溶けず、二硫化炭素とベンゼンには溶ける。

(1) 1つ　　(2) 2つ　　(3) 3つ　　(4) 4つ　　(5) 5つ

問題17

硫黄の性状として、誤っているものはどれか。

(1) 融点が低く、115℃程度で溶解する。
(2) 粉末状のものは、粉じん爆発の恐れがある。
(3) 斜方硫黄、単斜硫黄、ゴム状硫黄などの同素体が存在する。
(4) 固体のため、静電気は蓄積しにくい。
(5) 消火の際は、水と土砂を用いる。

問題18

硫黄の性状として、誤っているものはどれか。

(1) 黄色の固体であり、いくつかの同素体がある。
(2) 粉末状のものは、粉じん爆発を起こす危険性がある。
(3) 融点が115℃程度のため、加熱して溶融した状態で貯蔵する場合がある。
(4) 水、二硫化炭素に溶けない。
(5) 燃焼すると有毒ガスを生じる。

問題19

☑ ☑ ☑

硫黄の貯蔵・取り扱いについて、誤っているものはいくつあるか。

A： 安定剤として過酸化水素と混合して貯蔵する。

B： 屋外に貯蔵することはできない。

C： 取り扱う際、硫黄の微粉末が空気中に浮遊しないように注意する。

D： 塊状の硫黄を、麻袋や紙袋に入れて貯蔵することができる。

E： 静電気の発生を防ぐため、摩擦や衝撃を避ける。

(1) 1つ 　　(2) 2つ 　　(3) 3つ 　　(4) 4つ 　　(5) 5つ

問題20

☑ ☑ ☑

鉄粉による火災の消火方法として、適切なものはどれか。

(1) 二酸化炭素消火剤を噴射する。

(2) 泡消火剤を放射する。

(3) 乾燥砂で覆う。

(4) 大量の水をかける。

(5) ハロゲン化物消火剤を噴射する。

問題21

☑ ☑ ☑

アルミニウム粉の性状として、誤っているものはどれか。

(1) 銀白色の軽金属である。

(2) ハロゲン元素との接触で自然発火することがある。

(3) 両性元素である。

(4) 熱水、酸、アルカリと反応して酸素を発生する。

(5) 空気中の水分との接触で自然発火することがある。

問題22

✓ ✓ ✓

亜鉛粉の性状として、誤っているものはどれか。

(1) 酸と反応して水素を生じるが、アルカリとは反応しない。

(2) ハロゲン元素との接触により発火する恐れがある。

(3) 湿気がある空気中で自然発火する恐れがある。

(4) 粒度が小さいものほど、燃焼しやすい。

(5) 硫黄と混合して加熱すると、硫化亜鉛を生じる。

問題23

✓ ✓ ✓

金属粉（アルミニウム粉、亜鉛粉）の性状として、誤っているものはどれか。

(1) アルミニウム粉の比重は1より小さく、亜鉛粉の比重は1を超える。

(2) どちらも両性元素であり、酸およびアルカリの両方と反応して水素を生じる。

(3) どちらも、粒度が小さいものの方が危険性が高い。

(4) アルミニウム粉は銀白色、亜鉛粉は灰青色の粉末である。

(5) 消火の際、注水は適さない。

問題24

✓ ✓ ✓

マグネシウムの性状として、誤っているものはどれか。

(1) 銀白色の軽金属である。

(2) 空気中の水分を吸湿して発火する恐れがある。

(3) 水とは激しく反応するが、熱湯や酸とは反応しない。

(4) 消火には乾燥砂が適する。

(5) 白光を放って燃焼し、酸化マグネシウムになる。

問題25

☑ ☑ ☑

引火性固体について、誤っているものはどれか。

(1) 引火性固体は、固体自身が表面燃焼する。

(2) 引火性固体には、常温 (20℃) でも引火するものがある。

(3) 固形アルコールは、アルコールの蒸発を防ぐために密閉して貯蔵する。

(4) ゴムのりの蒸気を吸入すると、めまいなどを起こす危険性がある。

(5) ラッカーパテの蒸気を吸入すると、有機溶剤中毒になる恐れがある。

問題26

☑ ☑ ☑

引火性固体について、誤っているものはどれか。

(1) 蒸気を吸引すると有機溶剤中毒を招く恐れがある物品がある。

(2) ゲル状のものがある。

(3) 常温 (20℃) においても可燃性蒸気を発生するものがある。

(4) 引火点40℃未満の固体である。

(5) 衝撃により、常温でも発火・爆発するものがある。

解 答 ・ 解 説

問題1

解答 (2)

A、Dが誤りです。理由は次の通りです。

A：水と接触して有毒ガスを生じるもの (硫化リン) や、水素を発生するものがあります (金属粉など)。D：可燃性の固体です。

Eは誤りではありませんが、アルミニウム粉、亜鉛粉、マグネシウムなど、空気中の水分と反応して発火する恐れがあるものがあります。

問題2

解答 (3)

(3) が誤りです。水と反応してアセチレンガスを放出するのは第3類の炭化カルシウムです。第2類が水と反応して生成するガスは、硫化水素 (硫化リンが水と反応した場合に生成) および水素 (金属粉、マグネシウム) です。

(4)については、硫化リン、硫黄はいずれも硫黄分 (S) を含むため、燃焼 (酸化) すると有毒な二酸化硫黄 (SO_2) を生じます。硫黄分 (S) を含むものが燃焼する

と有毒なガスが生成することを押さえておきましょう。

問題3

解答（2）

マグネシウムと五硫化リンが該当します。

問題4

解答（5）

第2類の危険物で、両性元素は金属粉（アルミニウム粉と亜鉛粉）です。これらは、酸とアルカリの両方と反応して水素を生じます。覚えておきましょう。

問題5

解答（3）

正しくは、「酸化剤との接触を避ける」です。

問題6

解答（1）

ポイントは、次の通りです。

①鉄粉、金属粉（アルミニウム粉、亜鉛粉）、マグネシウムは水および酸と反応して水素を発生する。

②両性元素である金属粉（アルミニウム粉、亜鉛粉）は、アルカリとも反応して水素を発生する。

③硫化リンは水と反応して（ただし三硫化リンは熱水でないと反応しない）、硫化水素を発生する。

この問題で、希硫酸と塩酸は「酸」であり、水酸化ナトリウム水溶液は「アルカリ」です。よって、（1）以外は正しいことが分かります。（1）の場合も、硫化水素ではなく水素を生じます。

問題7

解答（4）

硫黄に限らず、第2類の危険物は、酸化剤（酸素を供給する物質）との混合により、発火の危険性があります。よって、第1類や第6類の危険物との混合は非常に危険です。（1）や（2）のクラフト袋や麻袋は、塊状の硫黄を入れるのに用いられます。（3）水をかけることは、硫黄による火災に最も効果がある消火方法です。（5）窒素封入された容器内では酸素がないため、硫黄は燃焼しません。

問題8 解答（3）

粉じんが空気中に浮遊すると、粉じん爆発の恐れがありますので、（3）は不適切です。

問題9 解答（2）

（2）赤リンと（3）硫黄は、水による消火が最も適します。（1）五硫化リンと（5）マグネシウムは水との接触は厳禁です。そのため、水が主成分である泡消火剤と強化液消火剤は適しません。また、金属粉［（4）アルミニウム粉および亜鉛粉］は、ハロゲン元素と接触すると発火するため、ハロゲン化物消火剤は適しません。

問題10 解答（3）

第2類で注水による消火が最も適するのは赤リンと硫黄です。
A：硫化リンに水をかけると硫化水素を発生します。B：亜鉛粉に水をかけると水素を発生します。E：引火性固体は窒息消火（二酸化炭素、粉末、泡など）が効果的です。

問題11 解答（5）

固形アルコールは、泡、二酸化炭素、粉末などによる窒息消火が適します。それ以外の物品は、水と反応して可燃性ガスや有毒ガスを生じるため、水が主成分である泡消火剤は使用できません。

問題12 解答（5）

五硫化リンを始め、硫化リンが水や熱湯と作用して発生するのは、有害な硫化水素です。二硫化炭素に溶けるものが多く、消火時には乾燥砂が適応します。また、Sを含んでいますので、燃焼すると有害な二酸化硫黄（SO_2）が生じます。

問題13 解答（1）

三硫化リンに限らず、硫化リンは熱水や水などと反応して「硫化水素」を生じます。二硫化炭素やリン化水素などではありません。

問題14 解答（2）

B、Eが誤りです。理由は次の通りです。

B：硫化リンは昇華しません。赤リンが昇華する特性があります。E：五硫化リンを始め、硫化リンが水や熱湯と作用して発生するのは、「硫化水素」です。

問題15　　　　　　　　　　　　　　　　　解答（4）

赤リンは赤褐色の粉末ですが、臭気や毒性はありません。

問題16　　　　　　　　　　　　　　　　　解答（1）

Bのみが正しい記述です。それ以外が正しくない理由は次の通りです。

A：赤リンは自然発火しません。空気中で自然発火するのは第3類の黄リンです。C：赤リンは臭気も毒性もありません。臭気と強い毒性があるのは黄リンです。D：赤リンは燐光を発しません。燐光を発するのは黄リンです。E：赤リンは、水、二硫化炭素、ベンゼンともに溶けません。

問題17　　　　　　　　　　　　　　　　　解答（4）

硫黄は電気の不良導体のため、摩擦等により静電気が生じやすいです。

問題18　　　　　　　　　　　　　　　　　解答（4）

硫黄は水には溶けませんが、二硫化炭素には溶けます。

問題19　　　　　　　　　　　　　　　　　解答（2）

AとBが正しくありません。硫黄は可燃物なので、過酸化水素などの酸化剤との混合は厳禁です。発火、爆発の恐れがあります。また、硫黄は屋外貯蔵所（屋外）で貯蔵できる物品です。

問題20　　　　　　　　　　　　　　　　　解答（3）

鉄粉は水と反応して可燃性ガスを生じるので、水系の消火剤は適応しません。また、窒息消火も効果がありません。基本は、乾燥砂あるいは膨張真珠岩（パーライト）等の固体で覆うことです。

問題21　　　　　　　　　　　　　　　　　解答（4）

アルミニウム粉および亜鉛粉は金属粉に分類されています。どちらも両性元素のため、酸とアルカリの両方と反応します。アルミニウム粉は、熱水、酸、アルカリと反応しますが、反応して生成されるのは酸素ではなく「水素」です。

第**3**章

第２類の危険物（可燃性固体）

章末問題

水などと反応して酸素を生じるのは、第1類のアルカリ金属の過酸化物等です。

問題22

解答（1）

　第2類の金属粉（アルミニウム粉、亜鉛粉）は両性元素のため、水、酸だけでなくアルカリとも反応して水素を発生します。

問題23

解答（1）

　アルミニウムの比重は2.7、亜鉛の比重は7.1で、共に1を超えます。アルミニウムは軽金属（比重が4程度以下のもの）に属するため、勘違いをしやすいです。注意しましょう。

問題24

解答（3）

　マグネシウムは、水とは徐々に、熱湯や酸とは速やかに反応して水素を生じます。

問題25

解答（1）

　引火性固体は、固体から蒸発した可燃性ガスが周囲空気と混合して可燃性蒸気を形成し、燃焼します。固体の状態で燃えている訳ではありません。

問題26

解答（5）

　引火性固体は、蒸発した可燃性蒸気に「引火」して燃焼する物品です。通常、衝撃では発火しません（衝撃で発火・爆発するのは第5類の危険物です）。

第 ④ 章

第3類の危険物
（自然発火性物質・禁水性物質）

4-1 第3類の危険物

第3類は**自然発火性物質**および**禁水性物質**です。空気や水との接触で、発火や可燃性ガスの放出が起こります。禁水性のものには、水や泡系の消火剤は使えません。また、空気中でも激しく反応する物品があるので、保護液中に保存されたり、保存容器内に不活性ガスが封入されるものもあります。

重要 乙種のすべての類の試験に共通し、各類の危険物の共通事項が出題されます。乙種第3類の試験を受ける際には、必ず「第1章 危険物の共通性質（p.15）」をあわせて学習（復習）してください。

1 第3類に共通の事項

第3類に共通の特性、火災予防法、消火法を次の表にまとめます。

▼第3類に共通の特性

特　性		・空気や水と反応し、発火したり、可燃性ガスを放出する恐れがある ・ほとんどのものは、自然発火性と禁水性の両方の性質を有する 　（例外：黄リンは自然発火性のみ。塊状のリチウムは禁水性のみの特性を持つ） ・無機化合物と有機化合物の双方が含まれる	
火災予防法	自然発火性	・空気との接触を避ける ・加熱を避ける ・保護液中に保存する際、危険物を保護液から露出させない	・冷暗所に貯蔵 ・容器は密閉し、破損や腐食に注意する
	禁水性	・水との接触を避ける	
消火法※	自然発火性	・水、泡、強化液などの水系の消火剤	乾燥砂 膨張ひる石（バーミキュライト） 膨張真珠岩（パーライト）
	禁水性	・炭酸水素塩類等を用いた粉末消火剤 ・水系の消火剤は使用厳禁	

※ すべての第3類危険物には、「二酸化炭素消火剤」と「ハロゲン化物消火剤」が適しません（消火効果が期待できない。もしくは、ハロゲンと激しく反応して有毒ガスを出すため）。よって、「二酸化炭素消火剤」、「ハロゲン化物消火剤」が出題された場合、すべて適さないと考えればOKです。

　第3類の危険物には、アルカリ金属およびアルカリ土類金属が複数含まれます。この一般的特性が問われることがあるため、以下に説明します。

＜アルカリ金属とアルカリ土類金属＞

　周期表（巻頭を参照）において、水素を除く1族の元素6種類をアルカリ金属といいます。また、マグネシウムとベリリウムを除く2族の元素4種類をアルカリ土類金属といいます。両金属の特徴と代表例を次の表にまとめます。

▼アルカリ金属とアルカリ土類金属の性質

	アルカリ金属	アルカリ土類金属
元素名	リチウム (Li)【第3類危険物】 ナトリウム (Na)【第3類危険物】 カリウム (K)【第3類危険物】 ルビジウム (Rb) セシウム (Cs) フランシウム (Fr)	カルシウム (Ca)【第3類危険物】 ストロンチウム (Sr) バリウム (Ba)【第3類危険物】 ラジウム (Ra)
特徴	・イオン化傾向が大きく、常温で水と反応し水素を発生し、水酸化物となって強い塩基性を示す（ただし、反応性は【アルカリ金属 ＞ アルカリ土類金属】です）	
	・柔らかく融点の低い軽金属 ・一価の陽イオンになりやすい	・銀白色の軽金属 ・二価の陽イオンになりやすい

2　第3類の危険物一覧

　第3類（自然発火性物質および禁水性物質）の品名を次の表にまとめます。

▼第3類：自然発火性物質および禁水性物質

品　名	特徴
1. カリウム　　2. ナトリウム　　3. アルキルアルミニウム 4. アルキルリチウム　　5. 黄リン 6. アルカリ金属（カリウム、ナトリウムを除く）およびアルカリ土類金属 7. 有機金属化合物 　（アルキルアルミニウムおよびアルキルリチウムを除く） 8. 金属の水素化物　　9. 金属のリン化物 10. カルシウムの炭化物またはアルミニウムの炭化物 11. その他のもので政令で定めるもの（塩素化ケイ素化合物：トリクロロシラン） 12. 前各号に掲げるもののいずれかを含有するもの	固体または液体で、空気中での発火の危険性を判断する試験または水と接触して発火したり可燃性ガスを発する危険性を判断する試験で政令で定める性状を有するもの

第4章　第3類の危険物（自然発火性物質・禁水性物質）

③ 品名ごとの特性

（1）カリウムおよびナトリウム

　カリウムおよびナトリウムは、特に反応しやすいアルカリ金属です。それ以外のアルカリ金属は後述します。

> ポイント 禁水性であることに加え、アルコール、ハロゲン元素、空気中の水分とも反応する。灯油などの石油の保護液中に沈めて保存する。

▼カリウムとナトリウム

物品名 化学式	カリウム K	ナトリウム Na
形状	銀白色の軟らかい金属	
比重	0.86	0.97
融点	カリウム：63.2℃、ナトリウム：97.8℃で、ともに100℃未満	
溶解性	特になし	
吸湿性	吸湿性	
性質	・水・アルコールと激しく反応して水素を発生 ・空気中の水分とも反応し水素と熱を発生 ・ハロゲン元素と激しく反応 ・強い還元作用を有する ・金属材料を腐食する	
危険性	・水と作用して発熱しつつ水素を発生し、水素とカリウム（またはナトリウム）自体が燃える ・長時間空気に触れると自然発火する恐れがある ・皮膚をおかす	
火災予防法	・水分との接触を避け、乾燥した場所に保存 ・貯蔵する建物の床面は地盤面以上にする（水の浸入防止） ・保護液中に小分けして貯蔵する ・保護液として石油（灯油、流動パラフィン、軽油など）の中に保存する	
消火法	乾燥砂などで窒息消火（注水は厳禁）	
補足事項	融点以上に加熱すると赤紫の炎色反応を起こしつつ燃える	・融点以上に加熱すると黄色の炎色反応を起こしつつ燃える ・反応性はカリウムよりはやや劣る

(2) アルキルアルミニウムおよびアルキルリチウム

アルキル基※がアルミニウムまたはリチウム原子に結合したものです。これらの中には、ハロゲン元素が結合しているものもあります。

> **ポイント** 水、空気などと反応して可燃性ガスを生じて激しく燃えるため、不活性ガス中に保存される。

▼アルキルアルミニウムとアルキルリチウム

物品名 化学式	アルキルアルミニウム （複数種あり）	ノルマルブチルリチウム （アルキルリチウムの一種） (C_4H_9) Li
形状	無色の液体（一部は固体）	無色の液体だが、やがて黄褐色に変化
比重	0.83 〜 1.23	0.84（水より軽い）
溶解性	ベンゼン、パラフィン系炭化水素（例：ヘキサン）などの溶媒に溶ける	
性質	・アルキル基の炭素数およびハロゲン数が多いほど、水や空気との反応性が低くなる ・ヘキサン、ベンゼンなどの溶剤で希釈すると反応性が低くなる	
危険性	・空気、水と激しく反応して発火する ・200℃付近で分解し、エタン、アルミニウムなどを発生する ・皮膚に触れると火傷を起こす ・燃焼時に刺激のある白煙を生じ、多量に吸引すると気管や肺が侵される	・空気と接触すると白煙を出し、やがて燃焼する ・水、アルコール、酸、アミンなどと反応してブタンガスを発生する ・刺激臭があり、皮膚に触れると薬傷をおこす
火災予防法	・窒素などの不活性ガス中で貯蔵・取扱いをする（空気や水と接触させない） ・窒素等を充填して貯蔵するため、容器は安全弁を備えた耐圧性があるものを用いる	
消火法	・一般に、消火は困難。乾燥砂、膨張ひる石、膨張真珠岩などで流出を防ぎつつ、燃え尽きるまで監視する ・水系の消火剤（水、泡）の使用は厳禁 ・ハロゲン化物とも激しく反応して有毒ガスを生じる	
補足事項	・高温で分解してアルミニウムと可燃性ガス（エタン、エチレン、水素）または塩化水素を発生	

※アルカン（C_nH_{2n+2}）から水素原子が1つ取れたもの。たとえば、C_4のアルカンであるブタン（$C_4H_{2×4+2}$ ＝C_4H_{10}）から生成されるアルキル基は、ブチル基（C_4H_9）である。

(3) 黄リン

　リン（P）の同素体の1つで、多くの物質と激しく反応します。なお、自然発火性のみを有するため、水とは反応しません。そのため、保護液として水没貯蔵します。

> ポイント 自然発火性のみを有し、水とは反応しないため、水中に保存する。第3類危険物の中で、**水中に貯蔵するものおよび水で消火するものは黄リンのみ**。

▼黄リン

物品名 化学式	黄リン P
形状	白色、淡黄色のろう状の固体
比重	1.82
融点	44℃（融点が低く燃焼時に流動しやすい）
溶解性	ベンゼン、二硫化炭素
性質	・暗所では青白色に発光する（燐光を発する） ・空気中で徐々に酸化する。約50℃（34～60℃）で自然発火し、十酸化四リン（五酸化二リン）（P_4O_{10}）になる ・ハロゲンと反応し有毒ガスを生じる（ハロゲン化物消火剤は使用できない） ・濃硝酸と反応してリン酸を生じる
危険性	・発火点が低いため空気中に放置されると白煙を生じ激しく燃焼する ・猛毒を有する（致死量0.05g）。また、皮膚に触れると火傷する恐れがある
火災予防法	空気に接触しないよう、水中に保存する
消火法	・融点が44℃と低く、流動するため、基本は水と土砂を用いて消火する ・水系の消火剤（泡、強化液）、乾燥砂も使用可能である ・ハロゲンと反応し有毒ガスを生じるため、ハロゲン化物消火剤は使用できない
補足事項	ニラに似た不快臭がある

(4) アルカリ金属［(1)で既出のK、Naを除く］およびアルカリ土類金属

アルカリ金属（Li、Na、Kなど）およびアルカリ土類金属（Ca、Baなど）のうち、すでに(1)で出ているK、Naを除いて、Li、Ca、Baの特性を理解しておきましょう。

> ポイント 銀白色の金属で、水と反応して水素を生じる。アルカリ土類金属は、アルカリ金属に比べると反応性は低い。

▼アルカリ金属（(1)で既出のK、Naを除く）およびアルカリ土類金属

物品名 化学式	リチウム Li	カルシウム Ca	バリウム Ba
形状	銀白色の金属結晶		
比重	0.5	1.6	3.6
融点	180.5℃	845℃	727℃
性質	・固体単体の中で最も軽い（比重が小さい） ・固体金属の中で最も比熱が大きい ・燃焼すると深赤色の炎色反応を示す ・ハロゲンと反応してハロゲン化物を生じる	・空気中で強熱すると橙赤色の炎を出し燃焼し、酸化カルシウム（生石灰）を発生 ・水素と200℃以上で反応し水素化カルシウムになる	燃焼すると黄緑色の炎を出し、酸化バリウムを発生
危険性	・水と激しく反応して水素を発生 ・固形の場合、融点以上に加熱すると発火する ・微粉状の場合、常温でも発火することがある ・反応性はカリウムやナトリウムほどは高くない	水と反応して水素を発生	
火災予防法	・水との接触を避け、容器は密栓する ・火気や加熱を避ける		
消火法	乾燥砂などを用いて窒息消火（注水厳禁）		
補足事項	固形だと融点以上、微粉状だと常温で発火する恐れがある（固形の場合は常温では発火しない）	アルカリ土類金属のため、アルカリ金属に比べると反応性は大きくない	

（5）有機金属化合物

金属原子と有機化合物が結合したものです。個別の物品として、ジエチル亜鉛を知っておきましょう。

> **ポイント** 空気中で自然発火し、水やアルコール等と反応して可燃性ガス（炭化水素）を発生する。発火防止のため、不活性ガス中に貯蔵する。

▼有機金属化合物

物品名 化学式	ジエチル亜鉛 $(C_2H_5)_2Zn$
形状	無色の液体
比重	1.2
融点	－28℃（常温常圧で液体）
溶解性	ジエチルエーテル、ベンゼン、ヘキサン
性質	・水と激しく反応する ・空気中で自然発火する ・常温常圧で液体であり、引火性がある
危険性	・水、アルコール、酸と激しく反応して可燃性ガス（エタンなど）を生じる
火災予防法	容器は密栓し、窒素などの不活性ガス中に貯蔵する
消火法	・粉末消火剤を用いる ・水系の消火剤は使用厳禁 ・ハロゲン系消火剤と反応して有毒ガスを生じるので使用できない

(6) 金属の水素化物

水素と金属の化合物を金属の水素化物といいます。多くが固体で融解しにくい。

> **ポイント** 加熱すると水素と金属（ナトリウム、リチウム）に分解する。水、水蒸気などと激しく反応して水素を発生する。

▼金属の水素化物

物品名 化学式	水素化ナトリウム NaH	水素化リチウム LiH
形状	灰色の結晶	白色の結晶
比重	1.4（1を超える）	0.82（1未満）
融点	800℃	680℃
溶解性	特になし	
性質	・高温ではナトリウムと水素に分解する ・乾燥した空気中では安定で、230℃以上でないと酸素（O_2）と反応しない ・還元性が高く、金属酸化物、塩化物から金属を遊離する	・高温ではリチウムと水素に分解する ・還元性が高い
危険性	・湿った空気中で分解し、水と激しく反応して水素と熱を発生する ・酸化剤との混触により発熱、発火する恐れがある ・有毒である	水または水蒸気と接すると水素と熱を出して激しく反応
火災予防法	・酸化剤、水分との接触を避ける ・容器に窒素等を封入して保存する	
消火法	・乾燥砂、消石灰、ソーダ灰で窒息消火する ・水や泡の使用は厳禁	

(7) 金属のリン化物

リンと金属の化合物を金属のリン化物といいます。

> ポイント　水および弱酸と反応して、有毒で悪臭のあるリン化水素（ホスフィン）を生じる。

▼金属のリン化物

物品名 化学式	リン化カルシウム Ca_3P_2
形状	暗赤色（赤褐色）の塊状固体結晶または粉末
比重	2.51（1を超える）
融点	1,600℃以上
溶解性	（アルカリには溶けない）
性質	・水および弱酸と激しく反応し、リン化水素（ホスフィン）を生じる ・酸素や硫黄と高温（300℃以上）で反応する
危険性	・水と反応して生じるリン化水素は、無色、悪臭、可燃性である ・火災時には有毒、刺激性、腐食性のリン酸化物が発生する
火災予防法	・水分、湿気のない乾燥した場所に保存 ・貯蔵する建物の床面は地盤面以上にする（水の侵入防止） ・容器は密栓する
消火法	乾燥砂

(8) カルシウムまたはアルミニウムの炭化物

　炭素とアルカリ金属またはアルカリ土類金属等の化合物を炭化物といいます。個別の物品では、炭化カルシウムと炭化アルミニウムが重要です。

> **ポイント**　水と作用してアセチレンやメタンなどの可燃性ガスを発生する。
> 炭化カルシウムは、銅、銀、水銀と作用して爆発性物質を生成する。

▼カルシウムまたはアルミニウムの炭化物

物品名 化学式	炭化カルシウム CaC_2	炭化アルミニウム Al_4C_3
形状	純粋なものは無色透明または白色の結晶	
	通常は不純物を含み灰色を呈する	通常は不純物を含み黄色を呈する
比重	2.2	2.37
融点	2,300℃	2,200℃
溶解性	特になし	
吸湿性	吸湿性	
性質	・水と反応して発熱しつつアセチレンと水酸化カルシウムを生成する ・高温では強い還元性を有する ・高温で窒素と反応して石灰窒素を生じる	水と反応してメタンを生成する
危険性	・炭化カルシウム自体は不燃性だが、水と作用して可燃性のアセチレンガスを生成する ・アセチレンは、燃焼範囲が2.5〜81vol％と広く、銅、銀、水銀と作用して爆発性物質を生成する	水と作用して可燃性のメタンガスを生成する
火災予防法	・水分、湿気のない乾燥した場所に保存 ・容器は密栓する ・必要に応じ、容器に窒素等を封入して保存する	
消火法	・乾燥砂や粉末消火剤を用いて消火する ・水の使用は厳禁	

(9) その他のもので政令で定めるもの

　その他ものでは、塩素化ケイ素化合物であるトリクロロシランが指定されています。

> ポイント 無色の液体で、引火性がある。可燃性蒸気を発生し、火気等で爆発の恐れがある。また、水分と作用して発熱・発火・爆発の恐れがある。

▼塩素化ケイ素化合物

物品名 化学式	トリクロロシラン $SiHCl_3$
形状	無色の液体
溶解性	水、ベンゼン、ジエチルエーテル、二硫化炭素
引火性	引火点−14℃、沸点32℃、燃焼範囲1.2〜90.5vol%であり、低い引火点と低い沸点と広い燃焼範囲を持つ
性質	・水と激しく反応し、塩化水素とシリコンポリマーを生成。さらに高温にて水素を発生する ・有毒で揮発性、刺激臭がある ・酸化剤と混合すると爆発的に反応する ・水の存在下では、ほとんどの金属を侵す
危険性	・可燃性ガスであり、その蒸気が空気と混合して広い範囲で爆発性の混合気を形成（燃焼範囲1.2〜90.5vol%） ・水、水蒸気と反応して発熱・発火する恐れがある
火災予防法	・水分、湿気に触れないよう密栓した容器内に保存する ・通風をよくする ・火気、酸化剤を近づけない
消火法	・乾燥砂、膨張ひる石、膨張真珠岩による窒息消火 ・水の使用は厳禁

④ 知っておくと便利な特性まとめ

試験で正解を導くために知っておくと便利な特性をまとめます。

(1) 水と反応してガスを発生する物品

物品名	発生ガス
カリウム、ナトリウム、リチウム、カルシウム、バリウム	水素 (H_2)
水素化ナトリウム、水素化リチウム	
アルキルアルミニウム、ジエチル亜鉛	エタン
アルキルリチウム (ノルマルブチルリチウム)	ブタン
リン化カルシウム	リン化水素
炭化カルシウム	アセチレン
炭化アルミニウム	メタン
トリクロロシラン	塩化水素、水素

(2) 保護液中に貯蔵される物品名と保護液名

品名または物品名	保護液
カリウム、ナトリウム、リチウム、カルシウム、バリウム	灯油 (石油)
黄リン	水

(3) 窒素 (N_2) などの不活性ガス中に貯蔵される物品

品名または物品名
アルキルアルミニウム、ノルマルブチルリチウム、ジエチル亜鉛、水素化ナトリウム、水素化リチウム
【必要に応じ不活性ガス中に貯蔵】炭化カルシウム、炭化アルミニウム

(4) 注水による消火を避ける物品

黄リン以外のすべての物品

(5) 色や形状が特徴的な物品

代表的形状	色などに特徴ある物品 (丸カッコ内が色) 〔鍵カッコ内が形状〕
アルカリ金属およびアルカリ土類金属は銀白色。それ以外の第3類は色付きの固体が多いが、液体の物品もある	アルキルアルミニウム (種類によって固体と液体がある)、ノルマルブチルリチウム (黄褐色[液体])、黄リン (白や淡黄色)、ジエチル亜鉛 (無色[液体])、水素化ナトリウム (灰色)、水素化リチウム (白)、リン化カルシウム (暗赤色)、炭化カルシウム (純粋なもの：無色透明や白、通常：灰色)、炭化アルミニウム (純粋なもの：無色透明や白、通常：黄色) トリクロロシラン (無色[液体])

第**4**章

第3類の危険物 (自然発火性物質・禁水性物質)

（6）比重が1未満の（水に浮く）物品

多くの物品	比重が1以下のもの（カッコ内が比重）
比重が1を超えるものが多い	【固体のもの】カリウム（0.86）、ナトリウム（0.97）、リチウム（0.5）、水素化リチウム（0.82） 【液体のもの】ノルマルブチルリチウム（0.84）

（7）毒性がある物品

品名または物品名
黄リン（猛毒）、トリクロロシラン

（8）特有の臭気がある物品

品名または物品名
黄リン（ニラに似た不快臭）、トリクロロシラン

（9）炎色反応

　アルカリ金属およびアルカリ土類金属を火炎にさらすと、それぞれの元素に特有の色を伴った発光が起こります。これを炎色反応といいます。それぞれの元素の炎色反応を次の表にまとめます。

アルカリ金属			アルカリ土類金属		
Li	Na	K	Ca	Sr	Ba
赤（深赤）	黄	紫（赤紫）	橙赤	紅	黄緑

（10）引火性がある物品

品名または物品名
ジエチル亜鉛、トリクロロシラン（引火点−14℃）

これだけは押さえておこう！

第3類危険物

・ほとんどが禁水性ですので、水系の消火剤は使えません（黄リンを除く）。
・保護液や不活性ガス中に貯蔵されるものがあります。
・保護液中に貯蔵する危険物は、一部でも保護液から露出させてはいけません。
・基本的に、乾燥砂、膨張ひる石、膨張真珠岩を用いた窒息消火が有効です。
・多くは、自然発火性と禁水性の両方の性質を有します。

練習問題　次の問について、○×の判断または空欄を埋めてみましょう。

■ 第3類に共通する特性

(1)　カリウム、ナトリウム、リチウム、カルシウム、バリウムは、水と反応して（　　　）を生じる。

(2)　水素化ナトリウムおよび水素化リチウムは、水と反応して（　　　）を生じる。

(3)　炭化カルシウムは、水と反応して（　　　）を生じる。

(4)　炭化アルミニウムは、水と反応して（　　　）を生じる。

(5)　リン化カルシウムは、水と反応して有毒な（　　　）を生じる。

(6)　アルキルアルミニウムおよびアルキルリチウムが水と反応すると水素を生じる（○・×）。

(7)　第3類の物品の多くは、自然発火性か禁水性のいずれか一方の危険性を有する（○・×）。

(8)　第3類には、ハロゲン化物と反応して有毒ガスを生じるものがある（○・×）。

(9)　第3類の物品は、いずれも比重が1より大きい固体や液体である（○・×）。

(10)　第3類の危険物に用いる保護液は、石油以外にもある（○・×）。

(11)　第3類の物品の中には、窒素などの不活性ガス中に貯蔵するものがある（○・×）。

解答

■ 第3類に共通する特性

(1)　水素

(2)　水素

(3)　アセチレン

(4)　メタン

(5)　リン化水素（ホスフィン）

(6)　×　エタン、ブタンなどの可燃性ガスを発生します。水素ではありません。

(7)　×　多くは自然発火性と禁水性の両方の危険性を有します。

(8)　○　黄リン、アルキルアルミニウム、アルキルリチウム、ジエチル亜鉛にハロゲン化物消火剤を使うと、有毒ガスが発生します。

(9)　×　カリウム、ナトリウム、リチウムなど、比重が1以下の物品があります。

(10)　○　第3類では、黄リンのみ、水が保護液です。それ以外で保護液が必要な物品（カリウムなど）の保護液は灯油（石油）などです。

(11)　○　アルキルアルミニウム、ノルマルブチルリチウム、ジエチル亜鉛、水素化ナトリウム、水素化リチウムなどが該当します。

練習問題　次の問について、○×の判断または空欄を埋めてみましょう。

■ 第3類に共通する特性（続き）

(12) 第3類には、容器の内圧上昇および破裂を防止するために、容器に通気性を持たせる必要がある物品はない（○・×）。

(13) A：赤リン、B：マグネシウム、C：有機過酸化物、D：アルカリ金属、E：カルシウムの炭化物、F：アルミニウムの炭化物、G：金属の塩化物、H：金属の水素化物、I：金属のリン化物、J：硫黄の中で、第3類の危険物に該当しないものは（　）つある。

(14) カリウム、ナトリウムなどのアルカリ金属は、自然発火の恐れがあるため、なるべく小分けにせずにまとめて保管する（○・×）。

(15) カリウムやナトリウムは、状況を確認しやすくするために、保護液から一部露出させて貯蔵する（○・×）。

(16) 膨張真珠岩は、一般的に多くの第3類の危険物に使用できる（○・×）。

(17) 第3類の危険物の中には、水による消火が適する物品もある（○・×）。

■ カリウム・ナトリウム

(18) カリウムとナトリウムは、ともに強力な還元剤である（○・×）。

(19) カリウムとナトリウムは、保護液としてアルコールの中に貯蔵する（○・×）。

(20) ナトリウムのイオン化傾向は、カリウムに比べて大きい（○・×）。

(21) カリウム、ナトリウムとも、水だけでなく、アルコール、ハロゲンとも反応する（○・×）。

(22) カリウムは淡紫色、ナトリウムは黄緑色の炎を出して燃える（○・×）。

(23) カリウムは、吸湿性を有し、水と反応して可燃性のアセチレンを生じる（○・×）。

(24) カリウムおよびナトリウムは、共に銀白色の金属で、比重は1より大きい（○・×）。

■ アルキルアルミニウム・アルキルリチウム

(25) アルキルアルミニウムは、ヘキサン等の溶媒で希釈した方が危険性が低減される（○・×）。

(26) アルキルアルミニウムは、アルキル基の炭素数が多いほど危険性が高い（○・×）。

(27) アルキルアルミニウム、アルキルリチウムの消火には、ハロゲン化物消火剤、泡消火剤による消火が適する（○・×）。

(28) ノルマルブチルリチウムは、空気中の酸素および水分と反応する（○・×）。

解答 ••

■ 第3類に共通する特性（続き）

(12) ○　第3類には、容器に通気性を持たせる物品はありません。第5類、第6類の一部に、通気性を持たせる物品があります。

(13) 5　A（第2類）、B（第2類）、C（第5類）、G（危険物ではない）、J（第2類）は第3類の危険物ではりません。

(14) ×　危険性を低くするために、なるべく小分けにして貯蔵します。

(15) ×　露出させずに保護液内に沈めます。一部でも露出すれば、そこから自然発火の恐れがあります。

(16) ○　膨張真珠岩や膨張ひる石は、乾燥砂と同じ種類と考えて問題ありません。乾燥砂は使用できても、膨張真珠岩や膨張ひる石は使用できないといったようなことはありません。

(17) ○　黄リンは、水による消火が適します。

■ カリウム・ナトリウム

(18) ○

(19) ×　保護液として灯油などの石油中に貯蔵します。

(20) ×　イオン化列（p.80）を知っておきましょう。

(21) ○

(22) ×　カリウムは赤紫、ナトリウムは黄色の炎色反応を示します。

(23) ×　吸湿性はあります。ただし、水と作用すると水素が生じます。KとH$_2$Oの反応ですので、アセチレン（C$_2$H$_2$）は生じません。アセチレンやメタンなどの炭化水素が生成されるのは、炭素を含んだ危険物からです。

(24) ×　カリウムとナトリウムは比重が1より小さいことが特徴です。その他、第3類の中ではリチウム（比重0.5）、水素化リチウム（比重0.82）、ノルマルブチルリチウム（比重0.84）などが水より軽いです。それ以外のほとんどは水より重いと理解しておきましょう。

■ アルキルアルミニウム・アルキルリチウム

(25) ○　溶媒で希釈した方が危険度が低下します。

(26) ×　アルキル基の炭素数が多いほど危険性が低くなります。

(27) ×　水およびハロゲン化物と激しく反応しますので、水系の消火剤である泡消火剤と、ハロゲン化物消火剤は使えません。乾燥砂など（乾燥砂、膨張ひる石、膨張真珠岩）を使います。

(28) ○　水分だけでなく、酸素とも反応して酸化します。

第4章　第3類の危険物（自然発火性物質・禁水性物質）

練習問題　次の問について、○×の判断をしてみましょう。

■ 黄リン

(29) 黄リンは約200℃で自然発火する。

(30) 黄リンは、水との接触を避けて保管する。

(31) 黄リンは、空気中で発火することがあるので、灯油の中に保存する。

(32) 黄リンの消火には、ハロゲン化物消火剤が適する。

(33) 黄リンは無臭の固体で、暗所で青白い光を発する。

(34) 黄リンは、水には溶けないがベンゼンおよび二硫化炭素には溶ける。

(35) 黄リンは、毒性が強い。

■ アルカリ金属とアルカリ土類金属

(36) リチウムは、常温において固体の単体金属の中で最も密度が低い。

(37) リチウムの反応性は、カリウムおよびナトリウムと比べると低い。

(38) リチウムのイオン化傾向は、カリウムやナトリウムよりも低い。

(39) カルシウムの比重は1より大きい。

(40) カルシウムと水素は、200℃以上の高温で反応して水素化カルシウムを生じる。

(41) カルシウムが空気中で燃焼すると、酸化カルシウム（生石灰）を生じる。

(42) バリウムは水と反応して酸素を生じる。

■ 有機金属化合物

(43) ジエチル亜鉛は無色の固体結晶である。

(44) ジエチル亜鉛は、空気中では安定だが、水と激しく反応する。

(45) ジエチル亜鉛が水、アルコールと反応するとエタンを生じる。

■ 金属の水素化物

(46) 水素化ナトリウムは、灰色の結晶で、乾燥した空気中では安定である。

(47) 水素化ナトリウムを加熱するとナトリウムと酸素に分解する。

(48) 水素化ナトリウム、水素化リチウムはともに無色で粘性のある液体である。

(49) 水素化リチウムは強い還元性を有し、水よりも軽い。

■ 金属のリン化物

(50) リン化カルシウムは、水および弱酸と反応すると有毒な硫化水素を生じる。

解答 •••

■ **黄リン**

(29) × 黄リンの発火点は約50℃であり、自然発火の危険性が非常に高い物品です。

(30) × 黄リンは、自然発火を防ぐために水中に保存します。

(31) × 空気中で発火することがあるので、(30)のように水中で保管します。

(32) × ハロゲン化物と反応して有毒ガスを出します。黄リンは水で消火します。

(33) × 暗所で青白い光を発することは正しいですが、無臭ではありません。ニラに似た臭気があります。

(34) ○

(35) ○ 黄リンは猛毒で、無毒である赤リン（第2類）との違いを押さえましょう。

■ **アルカリ金属とアルカリ土類金属**

(36) ○ リチウムは常温の固体金属で最も軽いです。

(37) ○ アルカリ土類金属（カルシウム、バリウム）と比べると反応性は高いですが、カリウム、ナトリウムと比べると反応性は高くありません。

(38) × イオン化列(p.80)を知っておきましょう。

(39) ○

(40) ○

(41) ○

(42) × アルカリ金属、アルカリ土類金属は水と反応して**水素**を出します。

■ **有機金属化合物**

(43) × 無色の液体です。

(44) × 水と激しく反応するのは正しいですが、空気中でも自然発火します。

(45) ○

■ **金属の水素化物**

(46) ○ 湿った空気や水とは反応して、分解します。

(47) × ナトリウムと水素に分解します。

(48) × 灰色（水素化ナトリウム）および白色（水素化リチウム）の結晶です。

(49) ○

■ **金属のリン化物**

(50) × 水や弱酸と反応して有毒で可燃性のリン化水素（ホスフィン）を生じます。

> **練習問題**　次の問について、○×の判断をしてみましょう。

■ **カルシウムまたはアルミニウムの炭化物**

（51）炭化カルシウムは、水と反応してメタンを発生する。

（52）炭化カルシウムの融点は1,000℃以上である。

（53）炭化カルシウムは、純粋なものは無色の結晶であるが、一般に不純物を含んで灰色を呈する。

（54）炭化アルミニウムは、一般に不純物を含んで赤褐色を呈する。

■ **その他**

（55）トリクロロシランは、水と反応して塩化水素を生じる。

解答 ･･･

■ **カルシウムまたはアルミニウムの炭化物**

（51）×　水と作用してアセチレンを生じます。水と作用してメタンを生じるのは、炭化アルミニウムです。

（52）○　融点2,300℃の固体です。

（53）○

（54）×　黄色を呈します。

■ **その他**

（55）○

4章　第3類の危険物　章末問題

問　題

問題1

☑ ☑ ☑

第3類の危険物の性状について、誤っているものはいくつあるか。

A：ほとんどのものは、自然発火性または禁水性のいずれかの特性を持つ。
B：水と接触すると酸素を放出するものが多い。
C：常温において、すべて固体である。
D：ハロゲン元素と反応して有毒ガスを生じるものがある。
E：保護液として灯油などの石油中に保存されるものがある。

(1) 1つ　　(2) 2つ　　(3) 3つ　　(4) 4つ　　(5) 5つ

問題2

☑ ☑ ☑

第3類の危険物を保護液中に貯蔵する理由として、正しいものはどれか。

(1) 空気中で風解して消滅してしまうため。
(2) 可燃性蒸気の発生を防ぐため。
(3) 空気中で発火する危険性があるため。
(4) 空気中で有毒ガスを放出するため。
(5) 常温の大気中で沸騰してしまうため。

問題3

☑ ☑ ☑

次に示す第3類の物品のうち、禁水性物質はいくつあるか。

黄リン、アルキルアルミニウム、カリウム、水素化リチウム、
炭化カルシウム、ジエチル亜鉛

(1) 1つ　　(2) 2つ　　(3) 3つ　　(4) 4つ　　(5) 5つ

問題4

✓ ✓ ✓

第3類の危険物が水と反応して生成するガスについて、誤っているものはどれか。

(1) 水素化リチウム…………水素
(2) ジエチル亜鉛……………エタン
(3) バリウム…………………水素
(4) 炭化アルミニウム…………アセチレン
(5) リン化カルシウム…………リン化水素

問題5

✓ ✓ ✓

第3類の危険物の性状として、誤っているものはどれか。

(1) 常温(20℃)において、液体のものと固体のものがある。
(2) 自然発火性と禁水性の両方の性質を持つものが多い。
(3) 自然発火性物質は、水分を含まない常温(20℃)の窒素ガス中においてでも、発火する危険性がある。
(4) 保護液として水中に貯蔵される物品がある。
(5) 比重が1未満の物品がある。

問題6

✓ ✓ ✓

第3類の危険物の貯蔵方法として、誤っているものはいくつあるか。

A: 黄リンは、灯油中に貯蔵する。
B: ナトリウムは、灯油中に貯蔵する。
C: ジエチル亜鉛は、灯油中に貯蔵する。
D: 水素化ナトリウムは、水中に貯蔵する。
E: アルキルアルミニウムは、窒素封入容器で密閉し貯蔵する。
(1) 1つ　　(2) 2つ　　(3) 3つ　　(4) 4つ　　(5) 5つ

問題7

第3類の危険物の一般的な火災予防法として、**誤っているものはいくつあるか**。

A： 禁水性の物質は、水との接触を防ぐため、アルコール中に貯蔵する。

B： 自然発火性の物質は、乾燥空気との接触を避けるため、湿度の高い場所に貯蔵する。

C： 貯蔵する際は、小分けにせずに、なるべく大きくまとめて貯蔵する。

D： 保護液中で保存する場合には、危険物の状態を確認しやすいように、保護液から一部を露出させる。

E： 火花、炎、高温物質との接触を避けて貯蔵する。

（1）1つ　　（2）2つ　　（3）3つ　　（4）4つ　　（5）5つ

問題8

第3類の危険物による火災の消火方法について、**正しいものはどれか**。

（1）すべての物品で、注水による消火は厳禁である。

（2）すべての物品で、不燃性ガスによる窒息消火が適する。

（3）ハロゲン系消火剤を使用すると有毒ガスを生じる物品がある。

（4）乾燥砂、膨張ひる石、膨張真珠岩は、ほとんどの物品で使用できない。

（5）黄リンは、高圧放水で一気に消火するのがよい。

問題9

第3類の危険物による火災の一般的な消火方法として、**最も適切なものはどれか**。

（1）二酸化炭素消火剤を放射する。

（2）ハロゲン化物消火剤を放射する。

（3）泡消火剤を放射する。

（4）膨張真珠岩で覆う。

（5）強化液消火剤を放射する。

第**4**章

第3類の危険物（自然発火性物質・禁水性物質）

章末問題

問題 10

第3類の危険物による火災の消火法として、誤っているものはいくつあるか。

A： 黄リンの火災に対して、注水は厳禁である。

B： カリウムによる火災に対して、ハロゲン化物消火剤は適さない。

C： 第3類のすべての物品において、炭酸水素塩類を主成分とする粉末消火剤は適さない。

D： アルキルアルミニウムの火災には、霧状の強化液消火剤が適さない。

E： 炭化カルシウムによる火災に対しては、泡消火剤（機械泡）が有効である。

(1) 1つ　　(2) 2つ　　(3) 3つ　　(4) 4つ　　(5) 5つ

問題 11

カリウムの性状として、誤っているものはどれか。

(1) 銀白色の軟らかい金属である。

(2) 比重は1より小さい。

(3) 水と激しく反応して可燃性のアセチレンガスを発生する。

(4) 金属材料を腐食する。

(5) 保護液として灯油の中に入れて貯蔵する。

問題 12

カリウムの性状として、誤っているものはどれか。

(1) ハロゲン元素と激しく反応する。

(2) 触れると皮膚をおかす。

(3) 吸湿性がある。

(4) 空気中の水分と反応して水素を発生する。

(5) なるべく小分けにして、エタノールの保護液中に貯蔵する。

問題13

☑ ☑ ☑

ナトリウムの性状として、正しいものはいくつあるか。

A：灯油、エタノール、メタノールとは反応しない。

B：比重は1を超える。

C：暗赤色で光沢のある金属である。

D：常温 (20℃) の水と激しく反応して水素を出す。

E：空気中の水分と反応して水素を出し、その反応性はカリウムより高い。

(1) 1つ　　(2) 2つ　　(3) 3つ　　(4) 4つ　　(5) 5つ

問題14

☑ ☑ ☑

アルキルアルミニウムの貯蔵・取扱い方法として、誤っているものはどれか。

(1) 容器には耐圧性があるものを用いる。

(2) 200℃程度で分解するため、高温にならないように注意する。

(3) 空気に触れると自然発火する恐れがあるため、水に沈めて貯蔵する。

(4) 触れると皮膚をおかすため、保護具を着用する。

(5) ベンゼンなどの溶剤で希釈した方が、反応性が低減する。

問題15

☑ ☑ ☑

アルキルアルミニウムは、溶媒で希釈して貯蔵した方が危険性が軽減される。この溶媒として適したものはいくつあるか。

『水、二硫化炭素、ヘキサン、アルコール、ベンゼン、アセトアルデヒド』

(1) 1つ　　(2) 2つ　　(3) 3つ　　(4) 4つ　　(5) 5つ

問題16

☑ ☑ ☑

アルキルアルミニウムの性状として、誤っているものはどれか。

(1) アルキル基の炭素数が多いほど、水や空気との反応性が高く危険である。

(2) 皮膚に触れると火傷を起こす。

(3) 貯蔵する際は、窒素などの不活性ガスを封入し、空気や水分と接触させないようにする。

(4) ハロゲン化物消火剤を使うと激しく反応して有毒ガスを生じる。

(5) ヘキサンで希釈すると危険性が低減する。

問題17

✓ ✓ ✓

ノルマルブチルリチウムの性状として、正しいものはいくつあるか。

A： ベンゼンに溶ける。また、ヘキサンなどのパラフィン系炭化水素にも溶ける。

B： 比重は1未満である。

C： 湿気、空気中の酸素との接触により激しく反応する。

D： エタノールなどのアルコールとは反応しない。

E： 黄褐色の固体である。

（1）1つ　　（2）2つ　　（3）3つ　　（4）4つ　　（5）5つ

問題18

✓ ✓ ✓

黄リンの性状として、誤っているものはいくつあるか。

A： 発火点は200℃程度である。

B： 臭気があるが、毒性はない。

C： 保護液として灯油中に保存する。

D： 燃焼すると十酸化四リン（五酸化二リン）を生じる。また、硝酸と反応してリン酸を生じる。

E： 消火には水が適応する。

（1）1つ　　（2）2つ　　（3）3つ　　（4）4つ　　（5）5つ

問題19

✓ ✓ ✓

黄リンの性状として、誤っているものはいくつあるか。

A： 水によく溶ける。

B： 二硫化炭素には溶けない。

C： 空気中で自然発火する恐れがある。

D： 硝酸と反応してリン化水素を生じる。

E： 燃焼するとリン酸化物（十酸化四リン〔五酸化二リン〕）を生じる。

（1）1つ　　（2）2つ　　（3）3つ　　（4）4つ　　（5）5つ

問題20

黄リンの火災の消火方法として、適切でないものはどれか。

(1) 乾燥砂をかける。
(2) ハロゲン化物消火剤を使用する。
(3) 霧状の注水を行う。
(4) 霧状の強化液を使用する。
(5) 泡消火剤を使用する。

問題21

リチウムの性状として、誤っているものはどれか。

(1) 常温 (20℃) において、空気に触れると発火する。
(2) 銀白色の軟らかい金属である。
(3) 水と反応して水素を発生する。
(4) 比重は1より小さく、カリウム、ナトリウム、カルシウムより軽い。
(5) 深赤色の炎色反応を起こして燃焼する。

問題22

ジエチル亜鉛の性状として、誤っているものはどれか。

(1) 無色の液体である。
(2) 比重は1を超える。
(3) 水、酸、アルコールと反応して水素を発生する。
(4) 空気中で自然発火する恐れがある。
(5) 貯蔵容器は密封し、窒素などの不活性ガスを封入する。

問題23

水素化ナトリウムの性状として、誤っているものはどれか。

(1) 高温で分解して、水素とナトリウムを生じる。
(2) 水と反応して水素を発生する。
(3) 灰色の結晶である。
(4) 毒性がある。
(5) 容器の破損を防ぐため、通気口のある容器中に保存する。

第**4**章
第3類の危険物（自然発火性物質・禁水性物質）

章末問題

問題24 ✓✓✓

炭化カルシウムの性状として、誤っているものはどれか。

(1) 純粋なものは無色透明だが、一般には不純物を含み灰色を呈する。
(2) それ自体は不燃性である。
(3) 水と作用してエタンを生成する。
(4) 容器は密栓し、乾燥した場所に貯蔵する。
(5) 注水を避け、粉末消火剤または乾燥砂などで消火する。

問題25 ✓✓✓

トリクロロシランの性状として、誤っているものはどれか。

(1) 水に溶けて分解し、塩化水素を発生する。
(2) 水の存在下では、多くの金属を侵かす。
(3) ベンゼン、ジエチルエーテル、二硫化炭素に溶ける。
(4) 刺激臭があり有毒である。
(5) 無色の液体で、揮発性があるが、蒸気は空気と混合しても引火性はない。

解 答 ・ 解 説

問題1   解答 (3)

A、B、Cが誤りです。理由は次の通りです。A：ほとんどのものは、自然発火性および禁水性の両方の特性を持ちます（自然発火性のみ：黄リン、禁水性のみ：リチウム）。B：水と接触して「可燃性ガス」を生じます。C：固体と液体があります。

問題2   解答 (3)

第3類は、自然発火を防ぐために、保護液中に貯蔵します。(2) の可燃性蒸気の発生を抑制するために保護液に貯蔵するのは、水没貯蔵する第4類の二硫化炭素です。

問題3   解答 (5)

禁水性でないのは黄リンのみです。実は、この問題は、個別の物品の特性を

知らなくても正答できます。第3類で禁水性でないのは「黄リン」だけを押えておけばよいのです。それ以外は禁水性だと考えて問題ありません。

問題4　　　　　　　　　　　　　　　　　　　　　　　　解答（4）

炭化アルミニウムは、水と反応して「メタン」を発生します。アセチレンを発生するのは炭化カルシウムです。間違えやすいので注意しましょう。

問題5　　　　　　　　　　　　　　　　　　　　　　　　解答（3）

第3類は、自己反応性の物質ではないので、酸化剤がない常温の窒素雰囲気中では発火しません。

問題6　　　　　　　　　　　　　　　　　　　　　　　　解答（3）

A、C、Dが正しくありません。A：黄リンは水中に貯蔵します。第3類で水中に貯蔵するのは黄リンのみです。C、D：ジエチル亜鉛と水素化ナトリウムはともに窒素封入容器内に密閉して貯蔵します。第3類で窒素封入貯蔵するのは、アルキルアルミニウム、アルキルリチウム（ノルマルブチルリチウム）、ジエチル亜鉛、水素化ナトリウム、水素化リチウムです。

問題7　　　　　　　　　　　　　　　　　　　　　　　　解答（4）

A、B、C、Dが正しくありません。A：第3類の禁水性物質（カリウム、ナトリウムなど）の保護液は灯油などの石油です。アルコールは適しません（カリウムやナトリウムは、アルコールとも反応して水素を出します）。B：自然発火性物質は、窒素などの不活性ガスを充てんする（黄リンは水中に貯蔵する）などして、空気との接触を防ぎます。湿った空気と触れると、危険物が吸湿したり、禁水性をあわせ持つものは反応したりと、危険度が増します。C：大きくまとめると、火災の規模拡大や消火困難を招きます。なるべく小分けにして少量で貯蔵することが必要です。D：保護液から露出すると、その部分で反応の恐れがあります。保護液から一部たりとも露出しないように、完全に沈めて貯蔵します。

問題8　　　　　　　　　　　　　　　　　　　　　　　　解答（3）

アルキルアルミニウム、アルキルリチウム、ジエチル亜鉛などは、ハロゲン化物と反応して有毒ガスを生じます。それ以外が正しくない理由は次の通りです。

第**4**章

第3類の危険物（自然発火性物質・禁水性物質）

章末問題

127

（1）基本は注水が適しませんが、黄リンは水が適します。よって、すべての物品で水による消火が適応しない訳ではありません。（2）窒息消火は効果がありません。（4）乾燥砂、膨張ひる石、膨張真珠石は、基本的にすべての第3類に使用できます。（5）黄リンは水による消火が適しますが、危険物が飛散するので、高圧放水は適しません。

問題9   解答（4）

　第3類は禁水性のものが多いため、水系の消火剤（水、泡、強化液）は使用できません。また、ハロゲン元素と激しく反応する物品があるため、ハロゲン化物消火剤も適切ではありません。二酸化炭素などの不活性ガスによる窒息消火も、十分な効果が期待できません。一般的に、第3類のほとんどの危険物に効果があるのは乾燥砂など（乾燥砂、膨張真珠岩、膨張ひる石）です。

問題10   解答（3）

　A、C、Eが適しません。A：黄リンは、水による消火が適します。C：第3類の禁水性物質には、乾燥砂等（乾燥砂、膨張真珠岩、膨張ひる石）の他、粉末消火剤（炭酸水素塩類）が適応します。E：炭化アルミニウムは禁水性物質のため、水系の消火剤である泡消火剤は適応しません。

問題11   解答（3）

　カリウム（その他にナトリウム、リチウム、カルシウム、バリウムなど）は、水と反応して**水素**を発生します〔水（H_2O）からOHを奪うので水素を生じる〕。水と反応してアセチレンを生じるのは、炭化カルシウムです。その他、炭素系の名称が付くもの（アルキル〇〇、ブチル〇〇、エチル〇〇、炭化〇〇など）は、水と反応すると**炭化水素**（メタン、エタン、エチレン、アセチレンなど）を生じます。つまり、物品名を考えれば発生するガスが水素なのかそれ以外なのかは、個別に覚えなくてもイメージ可能です。

問題12   解答（5）

　一般に、カリウムやナトリウムなどのアルカリ金属は、アルコール（エタノール、メタノール）とも反応して水素を出します。禁水性物質の保護液として、アルコールは用いられません。一般に、**石油**（灯油、流動パラフィンなど）を

用います。

問題13   解答(1)

　正しい記述はDのみです。それ以外が正しくない理由は次の通りです。A：灯油とは反応しませんが、アルコール(エタノール、メタノール)とは反応します。B：比重は1未満です。C：銀白色で光沢のある金属です。E：カリウムもナトリウムも、空気中の水分と反応して水素を出しますが、その反応性はカリウムの方が高いです。

問題14   解答(3)

　アルキルアルミニウムは、空気だけでなく水とも激しく反応するため、水との接触は厳禁です。耐圧性のある容器内に入れ、空気との接触を防ぐために窒素などの不活性ガスを封入して貯蔵します。

問題15   解答(2)

　アルキルアルミニウムおよびアルキルリチウムの希釈溶媒として適するのは、ヘキサン、ベンゼンなどです。

問題16   解答(1)

　アルキルアルミニウムは、アルキル基の炭素数やハロゲン数が多いほど反応性が低くなります。

問題17   解答(3)

　A、B、Cが正しい記述です。それ以外が正しくない理由は次の通りです。D：エタノールなどのアルコール類と激しく反応します。E：黄褐色の液体です。

問題18   解答(3)

　A、B、Cが誤りです。理由は次の通りです。A：黄リンは約50℃で発火する、危険性の高い物品です。B：臭気もありますが、猛毒を有します。C：約50℃で自然発火するので、保護液として、水中に保存します。

問題19

解答（3）

A、B、Dが誤りです。理由は次の通りです。A：水に溶けません。B：二硫化炭素に溶けます。D：硝酸と反応してリン酸を生じます。

問題20

解答（2）

黄リンは、水と土砂で流動を防ぎながら消火します。よって、水系の消火剤は効果があります。また、乾燥砂は効果の大小はありますが、基本的に第3類のすべてに使用できます。一方、黄リンはハロゲン化物と激しく反応して有毒ガスを生じますので、使用できません。よって、適切でないのは（2）です。

問題21

解答（1）

リチウムには、自然発火性はありません。

問題22

解答（3）

ジエチル亜鉛は、水、酸、アルコールと激しく反応しエタンなどの炭化水素を生じます。水と反応して水素を生じるのは、カリウム、ナトリウム、リチウム、カルシウム、バリウムなどのアルカリ金属およびアルカリ土類金属です。

問題23

解答（5）

水素化ナトリウムは、発火を防ぐため、窒素封入ビン等に密栓して貯蔵します。そもそも、第3類で容器に通気性を持たせる物品はありません。その他、第3類ではアルキルアルミニウム、アルキルリチウム、ジエチル亜鉛、水素化リチウムが、窒素等の不活性ガスを封入した容器で貯蔵する物品です。

問題24

解答（3）

炭化カルシウムは水と作用してアセチレンガスを発生します。

問題25

解答（5）

トリクロロシランの蒸気と空気が混合したものは、引火性の可燃性ガスで（引火－14℃）、比較的広い範囲で燃焼します。

第**5**章

第5類の危険物
（自己反応性物質）

5-1 第5類の危険物

第5類は自己反応性物質です。一般に、可燃物と酸素供給源が共存している ため自己燃焼性があり、周りの空気を遮断しても消火できません（窒息消火が 効かない）。また、燃焼が爆発的に進行し、燃焼速度が速いため、消火が困難 です。一般には、多量の水か泡消火剤で消火します。

> **重要** 乙種のすべての類の試験に共通し、各類の危険物の共通事項が出題さ れます。乙種第5類の試験を受ける際には、必ず「第1章 危険物の共通性質 （p.15）」をあわせて学習（復習）してください。

1 第5類に共通の事項

第5類に共通の特性、火災予防法、消火法を次の表にまとめます。

▼第5類に共通の特性

特　性	・可燃性の固体または液体 ・比重は1より大きい ・液体の危険物の蒸気比重は1より大きい（空気に沈む） ・燃焼速度が速く、加熱・衝撃・摩擦等で発火して爆発的に燃える ・引火性のものがある ・長時間空気中に放置すると、分解が進み自然発火する場合がある ・金属と作用して爆発性の金属塩を形成するものがある
火災予防法	・火気、加熱、衝撃、摩擦などを避ける ・通風のよい冷暗所に貯蔵する
消火法	**効果あり** 冷却消火：水、泡消火剤 **効果なし** 窒息・抑制消火：二酸化炭素、ハロゲン化物、粉末消火剤 **特例** アジ化ナトリウムのみ禁水性のため：乾燥砂など ・大量の水により冷却するか、泡消火剤を用いて消火する ・可燃物と酸素が共存し、自己燃焼するため、窒息消火は効果がない。 また、燃焼が爆発的に進行するため、少量の危険物の初期段階の消火 は可能だが、量が多いと消火は極めて困難である

2　第5類の危険物一覧

第5類（自己反応性物質）の品名を次の表にまとめます。

▼第5類：自己反応性物質

品　名	特徴
1. 有機過酸化物　2. 硝酸エステル類　　3. ニトロ化合物 4. ニトロソ化合物　　5. アゾ化合物　　6. ジアゾ化合物 7. ヒドラジンの誘導体　8. ヒドロキシルアミン 9. ヒドロキシルアミン塩類 10. その他のもので政令で定めるもの（金属のアジ化物、硝酸 　　グアニジン 他） 11. 前各号に掲げるもののいずれかを含有するもの	固体または液体であって、爆発の危険性を判断する試験または加熱分解の激しさを判断するための試験において政令で定める性状を有するもの

　『1. 有機過酸化物』は第5類の危険物ですが、第1類に『無機過酸化物』、第3類に『有機金属化合物』があります。また、『硝酸エステル類』は第5類の危険物ですが、第6類に『硝酸』があります。これらの紛らわしい品名のものを混同しないように注意しましょう。

　その他、『○○化合物』とよばれるものは、第3類の『有機金属化合物』を除いて第5類に分類されると覚えるとスッキリするでしょう。

3　品名ごとの特性

（1）有機過酸化物

　過酸化水素（H_2O_2）において、H－O－O－Hの水素原子が有機物に置換したものです。不安定な化合物で、加熱、摩擦、日光などにより分解し爆発の恐れがあります。

> ポイント　加熱、衝撃等で爆発しやすい。日光や紫外線で分解しやすい。過酸化ベンゾイルは乾燥状態で保存しない。エチルメチルケトンパーオキサイドの保存容器は通気性を持たせる（密栓しない）。

▼有機過酸化物

物品名 化学式	過酸化ベンゾイル $(C_6H_5CO)_2O_2$	エチルメチルケトンパーオ キサイド （複数種類の成分がある）	過　酢　酸 CH_3COOOH
形状	白色粒状の固体結晶	無色透明の油状液体 特異臭あり	無色の液体 強い刺激臭
比重	1より大きい		
溶解性	有機溶剤	アルコール、 ジエチルエーテル	水、アルコール、 ジエチルエーテル、 硫酸
性質 危険性	・強力な酸化作用がある ・加熱、摩擦、衝撃、日光などで分解し爆発の恐れ		
	・乾燥すると危険度が増す ・約100℃で有毒な白煙を出し分解 ・強酸、有機物と接触すると爆発しやすくなる ・高濃度のものは爆発の危険性が高くなる **有毒** ☠	・引火性があり（引火点72℃）、引火すると激しく燃焼 ・40℃以上で分解が促進される ・鉄サビ、布などに接触すると30℃以下でも分解する ・高純度のものは危険のためジメチルフタレート（別名、フタル酸ジメチル）などの可塑剤で濃度60％に希釈している ・強い酸化性を有する	・引火性がある（引火点41℃） ・110℃で発火、爆発する ・強い酸化、助燃作用がある ・皮膚、粘膜に激しい刺激作用がある ・市販品は不揮発性溶媒の40％溶液
火災予防法	換気のよい冷暗所に貯蔵する。異物と接触させない		
	火気、加熱、摩擦、直射日光を避ける		可燃物と隔離する
	・容器は密栓 ・強酸や有機物と隔離 ・乾燥状態で扱わない	容器のフタは通気性を持たせる（内圧上昇による分解促進を防ぐため）　**通気性有**	
消火法	多量の水または泡消火剤などで消火		
補足事項	乾燥状態で扱わないことが特徴的	容器を密栓しない（通気性を持たせる）ことが特徴的	

(2) 硝酸エステル類

硝酸 (HNO_3) の水素原子をアルキル基 (C_nH_{2n+1}) に置換したもの。分解して生じるNOが触媒となって自然発火を引き起こします。

> ポイント 加熱、衝撃等で爆発しやすい。硝酸メチルと硝酸エチルは引火性がある。ニトログリセリンは凍結すると危険度が増す。ニトロセルロースは窒素含有量が多いほど危険。

▼硝酸エステル類

物品名 化学式	硝酸メチル CH_3NO_3	硝酸エチル $C_2H_5NO_3$	ニトログリセリン $C_3H_5(ONO_2)_3$	ニトロセルロース (硝化綿)
形状	無色透明の液体で芳香と甘味がある (蒸気は空気よりも重い)		無色の油状液体 甘味がある	綿状固体 無味無臭
比重	1より大きい			
沸点	共に、水より沸点が低い(硝酸メチル66℃、硝酸エチル87.2℃)		―	
溶解性	アルコール、 ジエチルエーテル		有機溶剤	
性質 危険性	・引火性があり爆発しやすい(引火点15℃) ・硝酸とメタノールの反応で得られる	・引火性があり爆発しやすい(引火点10℃)	・加熱、衝撃、摩擦等で猛烈に爆発する ・甘味を有し有毒　有毒 ・ダイナマイトの原料 ・凍結する(8℃で凍結)と爆発の危険度が増す	・硝化度の高いものほど危険 ・硝化度で強硝化綿、弱硝化綿に分けられる ・ニトロセルロースに樟のうを混ぜて作られる合成樹脂をセルロイドという ・直射日光で分解し自然発火する恐れがある
火災予防法	加熱、衝撃、摩擦を避ける			
	・容器を密栓し換気のよい冷暗所に貯蔵 ・直射日光を避ける ・火気を近づけない(常温以下で引火する)		漏れた時は、水酸化ナトリウム(苛性ソーダ)のアルコール溶液※で分解し、ふき取る	エタノールや水で湿綿にし、安定剤を加え冷暗所に貯蔵
消火法	消火困難		爆発的で消火困難	注水消火する

※この処理によって非爆発性になる

第**5**章

第5類の危険物(自己反応性物質)

- ニトロセルロース（硝化綿）は、セルロースを硝酸と硫酸の混合液に浸して作られます。浸漬時間などによって硝化度（窒素の含有量）が異なります。硝化度が高いものを高硝化綿、低いものを弱硝化綿などといいます。
- 弱硝化綿をジエチルエーテルとアルコールに溶かしたものをコロジオンといい、ラッカーなどの塗料の原料に用いられます。
- ニトログリセリンは、後述するニトロ化合物ではなく、硝酸エステルに分類されます。「ニトロ」と付くため、紛らわしいので注意しましょう。
- セルロイドは、ニトロセルロースから作られますが、試験でセルロイドの性質として問われることがあります。次の性質を理解しておきましょう。

セルロイド
・ニトロセルロースと樟のうを混ぜて作られる合成樹脂で、透明または半透明の固体である
・温度が上がると柔らかくなる熱可塑性樹脂である（約90℃で軟化するので成形しやすい）
・アセトンや酢酸エチル等の溶剤に溶ける
・ニトロセルロースと同様に自然発火しやすい
・特に、粗製品（品質が悪いもの）の方が自然発火の危険性が高い
・自然発火を避けるため、通風が良く温度が低い冷暗所に貯蔵する

（3）ニトロ化合物

有機化合物の炭素に結合している水素原子をニトロ基（NO_2）に置換したもの。

ポイント ピクリン酸は金属と作用して爆発性の金属塩を形成する。また、乾燥すると危険度が増す。トリニトロトルエンは、金属とは作用しない。

▼ニトロ化合物

物品名 化学式	ピクリン酸 $C_6H_2(NO_2)_3OH$	トリニトロトルエン（TNT） $C_6H_2(NO_2)_3CH_3$
	共に、分子内に3個のニトロ基NO_2を有する。共に爆薬の原料になる	
形状	黄色の結晶、無臭で苦味を有し、毒性がある　**有毒**	淡黄色の結晶 日光に当たると茶褐色になる
比重	1より大きい	
発火点	100℃以上（ピクリン酸320℃、TNT230℃）	
溶解性	水（熱水）※	（水に溶けない）
	ジエチルエーテル、ベンゼン、アルコール、アセトン	

※ 水にある程度溶ける。冷水には溶けにくく、熱水にはよく溶ける。

性質 危険性	・水溶液は酸性のため、金属と反応して爆発性の金属塩になる ・乾燥すると危険度が増す ・急激に熱すると爆発する ・ガソリン、アルコール、ヨウ素、硫黄などと混合した場合、摩擦や衝撃で激しく爆発する	・金属とは反応しない ・急激に熱すると爆発する ・ピクリン酸よりはやや安定
火災予防法	・火気、加熱、摩擦、衝撃を避ける ・容器を密栓して換気のよい冷暗所に貯蔵	
	・金属や酸化されやすい物質（ガソリン、アルコール、硫黄など）との接触を避ける ・乾燥を避け、含水状態で貯蔵する（10%程度の水を加えて貯蔵）	**注水**消火
消火法	多量の水で消火（ただし、爆発的のため、一般に消火は困難）	
補足事項	乾燥状態で保存しない	TNTは金属とは作用しない

(4) ニトロソ化合物

ニトロソ基（－N＝O）を有する化合物をニトロソ化合物といいます。

ポイント 第5類の共通特性の通り、加熱や衝撃を避け換気のよい冷暗所に貯蔵。

▼ニトロソ化合物

物品名 化学式	ジニトロソペンタメチレンテトラミン（DPT） $C_5H_{10}N_6O_2$
形状	淡黄色の粉末
比重	1より大きい
溶解性	・水、ベンゼン、アルコール、アセトンにわずかに溶ける ・ガソリンには溶けない
性質 危険性	・加熱、摩擦、衝撃等で発火・爆発する恐れがある ・加熱すると約200℃で分解し、窒素、アンモニア、ホルムアルデヒド等を生じる ・強酸、有機物との接触で発火・爆発の恐れがある
火災予防法	・火気、加熱、摩擦、衝撃を避け、換気のよい冷暗所に貯蔵　　**注水**消火 ・酸や有機物との接触を避ける
消火法	水や泡消火剤で消火

第**5**章
第5類の危険物（自己反応性物質）

(5) アゾ化合物

アゾ基（－N＝N－）を有する化合物をアゾ化合物といいます。

> **ポイント** 分解して、窒素とシアンガスを発生する。

▼アゾ化合物

物品名 化学式	アゾビスイソブチロニトリル $[C(CH_3)_2CN]_2N_2$
形状	白色の固体
比重	1より大きい
溶解性	アルコール、エーテル
性質 危険性	・融点（105℃）以上に加熱すると窒素と有害なシアンガス※を発生し分解する（発火はしない） ・アセトンと激しく反応して爆発する恐れがある ・有毒のため、目や皮膚との接触や吸入を避ける ・空気中に微粒子が浮遊すると粉じん爆発の恐れがある
火災予防法	・火気、加熱、摩擦、衝撃、直射日光を避け、換気のよい冷暗所に貯蔵 ・可燃物との接触を避ける
消火法	多量の水で消火

※ 分解生成物の中には有害なシアン化水素が含まれます。

(6) ジアゾ化合物

ジアゾ基（N_2＝）を有する化合物をジアゾ化合物といいます。

> **ポイント** 水またはアルコール水溶液中に貯蔵する。

▼ジアゾ化合物

物品名 化学式	ジアゾジニトロフェノール（DDNP） $C_6H_2N_4O_5$
形状	黄色の不定形粉末
比重	1より大きい
溶解性	アセトン（水にほとんど溶けない）
性質	・光にあたると褐色に変色する ・燃焼時に爆ごう※を起こしやすい

火災予防法	火気、加熱、摩擦、衝撃を避け、水または水とアルコールの混合液中に貯蔵
消火法	爆ごうを生じやすく爆発的で消火困難

※ 爆ごう（デトネーション）とは、ガスの膨張速度が音速（音の速さ）を超えて急激に進行する現象です。

(7) ヒドラジンの誘導体

ヒドラジン（N_2H_4）を元に合成された化合物です。

ポイント 加熱すると分離して、アンモニア、二酸化硫黄、硫化水素などの有害物質を生成する。還元性が強く酸化剤と激しく反応する。

▼ヒドラジンの誘導体

物品名 化学式	硫酸ヒドラジン $NH_2NH_2 \cdot H_2SO_4$
形状	白色の結晶
比重	1より大きい
溶解性	温水に溶けて酸性を示す
性質 危険性	・還元性が強い ・酸化剤と激しく反応 ・アルカリと接触するとヒドラジンが遊離する ・融点（254℃）以上で分解しアンモニア、二酸化硫黄、硫化水素、硫黄を生成（発火はしない） ・皮膚、粘膜を刺激する
火災予防法	・直射日光、火気を避ける ・酸化剤やアルカリと接触させない
消火法	多量の水で消火（防塵マスク、ゴム手袋などの保護具を着用する）

(8) ヒドロキシルアミン

農薬の原料や半導体の洗浄剤に用いられます。

| ポイント | 加熱すると分解・爆発する。毒性があり、蒸気は目や気道を刺激し、大量に摂取すると死に至ることもある。 |

▼ヒドロキシルアミン

物品名 化学式	ヒドロキシルアミン NH_2OH
形状	白色の結晶
比重	1より大きい
溶解性	水、アルコール
その他	融点33℃、引火点100℃、発火点130℃
潮解性	潮解性がある
性質 危険性	・蒸気は空気よりも重い ・裸火、熱源、紫外線などと接触して爆発的に燃焼 ・眼、気道を刺激する。有毒で、大量に摂取すると死に至る場合もある
火災予防法	・裸火、熱源、紫外線などとの接触を避けて冷暗所に保管
消火法	多量の水で消火（防塵マスクなどの保護具を着用する）

(9) ヒドロキシルアミン塩類

ヒドロキシルアミン（NH_2OH）と酸との中和反応で生じる化合物（塩）です。

| ポイント | 水溶液は強酸性を示し、金属を腐食する。蒸気は有毒。乾燥状態を保ち冷暗所に貯蔵する。 |

▼ヒドロキシルアミン塩類

物品名 化学式	硫酸ヒドロキシルアミン $H_2SO_4 \cdot (NH_2OH)_2$	塩酸ヒドロキシルアミン $HCl \cdot NH_2OH$
形状	白色の結晶	
比重	1より大きい	
溶解性	水、メタノール（ジエチルエーテル、エタノールには溶けない）	水、（アルコールにはわずかに溶ける）

性質 危険性	・水溶液は強酸性で金属を腐食 ・蒸気は目、気道を強く刺激。多量に体内に入ると血液の酸素吸収力低下で死に至ることもある ・火気や高温物との接触で爆発する ・微粉状のものは粉じん爆発の危険性がある	
	・アルカリがあるとヒドロキシルアミン (NH_2OH) が遊離し、分解する ・強い還元剤である	・115℃以上に加熱すると爆発することがある
火災予防法	・火気、高温物体との接触を避け、乾燥状態で冷暗所に保管 ・水溶液は金属を腐食するため、金属容器に貯蔵してはならない（強固なガラス容器等を用いる）	
消火法	多量の水で消火（防塵マスクなどの保護具を着用する）	

(10) その他のもので政令で定めるもの

ここでは、金属のアジ化物、硝酸グアニジンの特性を知っておきましょう。

▼金属のアジ化物

物品名 化学式	アジ化ナトリウム NaN_3
形状	無色の板状結晶
比重	1より大きい
溶解性	・水に溶ける ・エタノールに溶けにくく、ジエチルエーテルに溶けない
性質 危険性	・約300℃で分解し、窒素と金属ナトリウム (Na) を生じる ・それ自体は爆発しないが、酸と作用して有毒で爆発性があるアジ化水素酸を生じる ・水があると、重金属と作用して極めて鋭敏なアジ化物を生じる ・皮膚に触れると炎症を起こす
火災予防法	・直射日光を避け、換気のよい冷暗所に保存 ・酸や金属粉（特に重金属）と接触させない
消火法	乾燥砂など（火災時に分解しナトリウムを生じるので、注水厳禁）

▼硝酸グアニジン

物品名 化学式	硝酸グアニジン $CH_6N_4O_3$
形状	白色の結晶
比重	1より大きい
溶解性	水、アルコール（エタノール、メタノール）
性質	・急加熱および衝撃で爆発する恐れがある ・可燃性物質との混触で発火する恐れがある
火災予防法	加熱、衝撃を避ける
消火法	注水消火
その他	・毒性がある ・爆薬の成分になることがある

4 知っておくと便利な特性まとめ

　試験で正解を導くために知っておくと便利な特性をまとめます。

(1) 水に溶けやすい物品

　色文字の下線付き斜体の物品は、水に溶けやすいものです。第5類の多くは水に溶けにくいと理解したうえで、少数派である水に溶けやすい物品だけを押さえておくと便利です。

▼第5類（自己反応性物質）で水溶性の物品

品　名	物　品　名
有機過酸化物	過酸化ベンゾイル、エチルメチルケトンパーオキサイド、*過酢酸*
硝酸エステル類	硝酸メチル、硝酸エチル、ニトログリセリン、ニトロセルロース
ニトロ化合物	*ピクリン酸*（熱水によく溶ける）、トリニトロトルエン
ニトロソ化合物	ジニトロソペンタメチレンテトラミン
アゾ化合物	アゾビスイソブチロニトリル
ジアゾ化合物	ジアゾジニトロフェノール
ヒドラジンの誘導体	硫酸ヒドラジン（温水には溶ける）
ヒドロキシルアミン	*ヒドロキシルアミン*
ヒドロキシルアミン塩類	*硫酸ヒドロキシルアミン*、*塩酸ヒドロキシルアミン*
その他	*アジ化ナトリウム*、*硝酸グアニジン*

(2) 比重が1を超える物品

すべてです。第5類の比重はすべて1を超えると覚えておきましょう。

(3) 保護液中に貯蔵される物品

品名または物品名	保護液
ニトロセルロース	エタノールまたは水で湿綿状に保存
ジアゾジニトロフェノール	水中や水とアルコールの混合液中に保存

(4) 容器に通気性を持たせる物品

品名または物品名
エチルメチルケトンパーオキサイド

(5) 金属と作用して爆発性の物質を作る物品

品名または物品名
ピクリン酸、アジ化ナトリウム

(6) 注水による消火を避ける物品

品名または物品名
アジ化ナトリウム（火災時にナトリウム[禁水性物質]を発生するため）

　第5類のほとんどは、注水消火が適します。ただし、硝酸エステル類、ニトログリセリン、ピクリン酸、ジアゾジニトロフェノールを始め、爆発的に燃焼するものは、消火の余裕がありません。

(7) 毒性が強い物品

品名または物品名
過酢酸、ニトログリセリン、ピクリン酸、アゾ化合物、硫酸ヒドラジン、ヒドロキシルアミン、ヒドロキシルアミン塩類 第5類の危険物の多くは毒性があります

(8) 特有の臭気がある物品

品名または物品名
エチルメチルケトンパーオキサイド、過酢酸、硝酸メチル、硝酸エチル

第5章 第5類の危険物（自己反応性物質）

143

(9) 色や形状が特徴的な物品

代表的形状	色などに特徴ある物品（カッコ内が特徴）
無色や白の固体結晶が多いが液体もある	常温（20℃）で液体の物品 エチルメチルケトンパーオキサイド（無色の［油状液体］）、過酢酸（無色の［液体］）、硝酸メチル（無色の［液体］）、硝酸エチル（無色の［液体］）、ニトログリセリン（無色の［油状液体］）
	色がある固体の物品 ピクリン酸（黄色）、トリニトロトルエン（淡黄色、日光照射で茶褐色に変色）、ジニトロソペンタメチレンテトラミン（淡黄色）、ジアゾジニトロフェノール（黄色の［不定形粉末］）
	その他特徴的な物品 ニトロセルロース（外観は普通の綿や紙と同様）、セルロイド（ニトロセルロースの樟のうから作られる透明または半透明の熱可塑性樹脂）

(10) 常温（20℃）で引火性がある物品

品名または物品名
硝酸メチル（引火点15℃）、硝酸エチル（引火点10℃）
参考　過酢酸も、引火点41℃で引火性があります

これだけは押さえておこう！

第5類危険物

・一般に、可燃物と酸化剤が共存し、自己燃焼します。

・比重は1より大きく、固体のものが多いですが、液体のものもあります。液体のものは、引火性を有するものがあります。

・燃焼速度が極めて早く、加熱・衝撃・摩擦などで爆発的に燃焼します。

・金属と作用して爆発性の金属塩を形成するものがあります。

・基本的に、大量の水を用いた冷却消火や、泡消火剤による消火が有効ですが、量が多いと消火が極めて困難です。

練習問題　次の問について、○×の判断をしてみましょう。

■ 第5類に共通する特性
(1)　第5類の危険物は、すべて自己反応性を持つ固体である。
(2)　第5類の物品の多くは、比重が1より小さい。
(3)　第5類には、引火性を有するものがある。
(4)　第5類は、有機の窒素化合物が多く、一般に燃焼は急速に進行する。
(5)　第5類の危険物は、すべて分子内に酸素と窒素を含有する。
(6)　第5類の危険物の中には、水に溶ける物品がある。
(7)　第5類の多くは、注水消火は厳禁である。
(8)　第5類の火災の消火には、二酸化炭素およびハロゲン化物消火剤が有効である。
(9)　第5類の危険物を廃棄する際には、なるべくまとめて土中に埋没させる。
(10) 第5類の危険物を扱う施設には、不活性ガス消火設備を設けるのが有効である。
(11) ニトログリセリンは、ニトロ化合物に分類される。
(12) トリニトロトルエンは、ニトロ化合物に分類される。

解答 ・・・

■ 第5類に共通する特性
(1)　×　すべて自己反応性がありますが、「固体と液体」のものがあります。
(2)　×　第5類は、すべて比重が1より大きいと理解しましょう。
(3)　○　エチルメチルケトンパーオキサイド、過酢酸、硝酸メチル、硝酸エチルなど、液体のものには引火性を有するものがあります。
(4)　○
(5)　×　多くは窒素と酸素を含みますが、すべてではありません。有機過酸化物は窒素を含みません。アジ化ナトリウムは酸素を含みません。
(6)　○　水に溶ける物品もあります。
(7)　×　基本は注水消火です（第5類の中では、アジ化ナトリウムのみ金属ナトリウムを遊離するため注水厳禁）。
(8)　×　自己反応するので、窒息消火は効果がありません。反応が爆発的なので、抑制消火も効果が期待できません。
(9)　×　自己反応性がある物品をまとめるのは危険です。
(10) ×　第5類に窒息消火は効果がないため、不活性ガス消火設備は有効ではありません。
(11) ×　ニトログリセリンは、硝酸エステル類に分類されます。
(12) ○

練習問題　次の問について、○×の判断をしてみましょう。

■ 第5類に共通する特性（続き）

(13) ピクリン酸は、硝酸エステル類に分類される。

(14) ニトロセルロースは、ニトロ化合物に分類される。

(15) トリニトロトルエンをジエチルエーテルとアルコールに溶かしたものをコロジオンという。

■ 有機過酸化物

(16) 有機過酸化物は、すべて密栓した容器内に貯蔵する。

(17) 有機過酸化物は、水と反応するものがあるので、水との接触は避ける。

(18) 過酸化ベンゾイルは、水に溶ける。また、危険性を低くするため乾燥させて貯蔵する。

(19) 過酸化ベンゾイルは、無色無臭の液体である。

(20) エチルメチルケトンパーオキサイドは、白色で無味無臭の結晶である。

(21) エチルメチルケトンパーオキサイドは、鉄サビや布と接触すると分解が促進される。

(22) エチルメチルケトンパーオキサイドを貯蔵する際、容器は密栓して換気のよい冷暗所を選ぶ。

(23) エチルメチルケトンパーオキサイドは、単独では非常に不安定のため、市販品は、水で希釈している。

(24) エチルメチルケトンパーオキサイドは、酸化性を有する。

(25) 過酢酸は、110℃以上に加熱すると発火・爆発する。

(26) 過酢酸には、引火性はない。

■ 硝酸エステル類

(27) 硝酸エステル類は比重が1未満のものが多い。

(28) 硝酸エステル類およびニトロ化合物は、共に酸素と窒素を含有する。

(29) 硝酸メチルおよび硝酸エチルは引火性があり、常温以下で引火する。

(30) 硝酸メチルおよび硝酸エチルの沸点は、ともに水より高い。

(31) 硝酸メチルおよび硝酸エチルは、共に無色の結晶である。

(32) ニトログリセリンは油状液体である。爆発を防ぐため、通常、冷凍貯蔵される。

解答 •••

■ 第5類に共通する特性（続き）

(13) × ピクリン酸は、ニトロ化合物に分類されます。

(14) × ニトロセルロースは、硝酸エステル類に分類されます。

> **解説** 問題（11）～（14）の内容は、紛らわしいので注意しましょう。「ニト
> ロ」と名の付くものは、ニトロ化合物だと勘違いやすいですが、そうではあ
> りません。上記の物品のうち、ニトロ化合物なのはトリ<u>ニトロ</u>トルエンのみ
> です。頭に「ニトロ」が付く、<u>ニトロ</u>グリセリンと<u>ニトロ</u>セルロースは、ニ
> トロ化合物ではなく、<u>硝酸エステル</u>類です。また、ニトロと付かないです
> が、ピクリン酸はニトロ化合物です。

(15) × 弱硝化綿をジエチルエーテルとアルコールに溶かしたものをコロジオ
ンといいます。

■ 有機過酸化物

(16) × エチルメチルケトンパーオキサイドは、容器に通気性を持たせます。

(17) × 有機過酸化物は水との反応性はありません。消火も注水が適します。

(18) × 過酸化ベンゾイルは水に溶けません。また、乾燥状態で扱うと爆発の
危険性が増します。

(19) × 過酸化ベンゾイルは、固体です（白色粒状結晶の固体）。

(20) × 無色透明の油状液体で、特異臭があります。

(21) ○

(22) × 内圧上昇を防止するため、容器には通気性を持たせます。

(23) × 水ではなく、ジメチルフタレート（フタル酸ジメチル）で希釈します。

(24) ○ エチルメチルケトンパーオキサイドは強い酸化性を有します。

(25) ○

(26) × 引火点41℃であり、引火性を有します。

■ 硝酸エステル類

(27) × 硝酸エステル類に限らず、第5類の危険物の比重は1より大きいと理
解しておきましょう。

(28) ○

(29) ○ 引火点は、硝酸メチルが15℃、硝酸エチルが10℃です。

(30) × 沸点は、硝酸メチルが66℃、硝酸エチルが87.2℃で、共に水より低い
です。

(31) × 共に無色の液体です。

(32) × 冷凍させると爆発の危険性が増します。

練習問題　次の問について、○×の判断または空欄を埋めてみましょう。

■ 硝酸エステル類（続き）

(33) ニトログリセリンを水酸化ナトリウム（苛性ソーダ）のアルコール溶液に混ぜると、猛烈に爆発する（○・×）。

(34) ニトロセルロースは、含有する窒素量が多いほど危険性が高い（○・×）。

(35) ニトロセルロースは、爆発防止のため、乾燥状態で保存する（○・×）。

(36) ニトロセルロースは、セルロースを（　A　）と（　B　）の混合液に浸けて作る。硝化度の高いもの程、窒素含有量が（　C　）。貯蔵時には、（　D　）または（　E　）で湿綿として安定剤を加えて貯蔵する。

(37) コロジオンとは、弱硝化綿を（　A　）と（　B　）に溶かしたものである。

(38) セルロイドは一般に粗製品のほうが発火点が高い（○・×）。

■ ニトロ化合物

(39) ピクリン酸とトリニトロトルエンの発火点はともに100℃未満である（○・×）。

(40) ピクリン酸とトリニトロトルエンは、共に水によく溶ける（○・×）。

(41) ピクリン酸とトリニトロトルエンは、共にジエチルエーテルに溶ける（○・×）。

(42) ピクリン酸とトリニトロトルエンは、ともに金属と作用して爆発性の金属塩を生じる（○・×）。

(43) ピクリン酸とトリニトロトルエンは、共に分子内に3つのニトロ基を含む（○・×）。

(44) ピクリン酸とトリニトロトルエンは、共に無色の結晶である（○・×）。

(45) ピクリン酸は、金属塩にすると安定になる（○・×）。

■ ニトロソ化合物

(46) ジニトロソペンタメチレンテトラミンは、水、アルコール、アセトンによく溶ける（○・×）。

(47) ジニトロソペンタメチレンテトラミンは、分解すると窒素、ホルムアルデヒド、アンモニアなどを生じる（○・×）。

■ アゾ化合物

(48) アゾ化合物であるアゾビスイソブチロニトリルは、冷水によく溶ける（○・×）。

(49) アゾビスイソブチロニトリルを加熱すると、有毒なシアンガスを生じる（○・×）。

解答 ●●

■ 硝酸エステル類（続き）

(33) × ニトログリセリンを水酸化ナトリウムのアルコール溶液に混ぜると、分解して爆発性がなくなります。

(34) ○

(35) × 乾燥により爆発しやすい。アルコールや水で湿綿にし、安定剤を加え冷暗所に貯蔵します。

(36) A、B：硝酸、硫酸（順不同）、 C：多い、 D、E：アルコール（エタノール）、水（順不同）

(37) A、B：ジエチルエーテル、アルコール（順不同）

(38) × セルロイドは、粗製品の方が発火しやすい（発火点が低い）。

■ ニトロ化合物

(39) × 発火点は100℃以上です（ピクリン酸320℃、トリニトロトルエン230℃）。

(40) × トリニトロトルエンは水に溶けません。ピクリン酸は、水にある程度は溶けます（冷水には溶けにくく、熱水には溶ける）。

(41) ○

(42) × ピクリン酸は金属塩を生じますが、トリニトロトルエンは金属とは反応しません。

(43) ○ トリニトロの「トリ」は「3つ」の意味で、「トリニトロ」は「3つのニトロ基」の意味です。

(44) × 黄色または淡黄色の結晶です。共に無色ではありません。

(45) × 危険度が増します。

■ ニトロソ化合物

(46) × 水、エタノール、アセトンにはわずかにしか溶けません。

(47) ○

■ アゾ化合物

(48) × 水に溶けにくいです。

(49) ○

練習問題 次の問について、○×の判断をしてみましょう。

■ ジアゾ化合物

（50）ジアゾジニトロフェノールの燃焼は、他の第5類と比べると緩やかである。

（51）ジアゾジニトロフェノールは、水にはよく溶けるが、アセトンには溶けない。

（52）ジアゾジニトロフェノールは、通常は水または水とアルコールの混合液中に貯蔵する。

■ ヒドラジンの誘導体

（53）硫酸ヒドラジンは、無色の液体である。

（54）硫酸ヒドラジンを加熱するとアンモニア、二酸化硫黄、硫化水素などの有毒ガスを生じる。

■ ヒドロキシルアミンとヒドロキシルアミン塩類

（55）硫酸ヒドロキシルアミンの水溶液は、ガラス容器に貯蔵してはならない。

（56）硫酸ヒドロキシルアミンは危険性を下げるために湿潤な場所に貯蔵する。

（57）硫酸ヒドロキシルアミンは、アルカリと接触すると激しく分解するが、酸化剤に対しては安定である。

（58）塩酸ヒドロキシルアミンは、エタノール、エーテルによく溶ける。

（59）湿気を含んだ塩酸ヒドロキシルアミンは、金属容器に貯蔵してはならない。

■ その他

（60）アジ化ナトリウムは、それ自体は爆発しないが、高温で分解して金属ナトリウムを生じる。

（61）アジ化ナトリウムは、酸と反応して有毒で爆発性のある化合物を形成する。

（62）アジ化ナトリウムは、水の存在下で重金属と作用して安定なアジ化物になる。

（63）アジ化ナトリウムによる火災の消火には、大量の水をかけるのが有効である。

（64）アジ化ナトリウムによる火災の消火には、乾燥砂が適応する。

（65）硝酸グアニジンは、赤褐色の固体結晶である。

（66）硝酸グアニジンは、水、アルコールに溶けない。

解答 ••

■ ジアゾ化合物

(50)　×　燃焼は非常に速く、爆ごうが生じやすいです。

(51)　×　水にはほとんど溶けず、アセトンには溶けます。

(52)　○

■ ヒドラジンの誘導体

(53)　×　白色の結晶（固体）です。

(54)　○

■ ヒドロキシルアミンとヒドロキシルアミン塩類

(55)　×　水溶液は強酸性のため、金属容器を腐食します。そのためガラス容器等に貯蔵します。

(56)　×　水溶液は強酸のため、乾燥状態を保ちます。

(57)　×　アルカリと反応することは正しいですが、強い還元剤のため、酸化剤との接触も危険です。

(58)　×　わずかに溶けますが、よく溶けるわけではありません。

(59)　○　(55)の硫酸ヒドロキシルアミンと同じく、水溶液は強酸で金属を腐食するためです。

■ その他

(60)　○　高温で分解するとナトリウム（第3類）を生じるので、注水消火ができません。

(61)　○　酸と反応して有毒で爆発性があるアジ化水素酸を生じます。

(62)　×　重金属と作用して、極めて鋭敏（不安定で危険）なアジ化物を生じます。

(63)　×　金属ナトリウム（禁水性物質）を遊離しますので水は使えません。

(64)　○　金属ナトリウムの火災消火に準じて、乾燥砂が適します。

(65)　×　白色の結晶です。

(66)　×　水、アルコールに溶けます。

問　題

問題1

☑ ☑ ☑

第5類の危険物の性状として、誤っているものはどれか。

(1) 過酢酸は、有機過酸化物であり、水およびアルコールに溶ける液体である。

(2) 硝酸エチルは、硝酸エステル類であり、アルコールに溶ける液体である。

(3) ニトログリセリンは、ニトロ化合物であり、無色の油状液体である。

(4) ニトロセルロース（硝化綿）の硝化度が低いものは、塗料の原料にも用いられている。

(5) ピクリン酸は、金属と作用して爆発性の金属塩を作る。

問題2

☑ ☑ ☑

第5類の危険物の性状として、誤っているものはいくつあるか。

A： 水と反応して水素を発生するものが多い。

B： 引火性のものはない。

C： 内部燃焼（自己燃焼）を起こしやすい。

D： 有機の窒素化合物が多い。

E： 可燃性物質であり、燃焼速度が極めて速い。

(1) 1つ　　(2) 2つ　　(3) 3つ　　(4) 4つ　　(5) 5つ

問題3

☑ ☑ ☑

次の第5類の危険物のうち、常温（20℃）で液体のものはいくつあるか。

『過酢酸、過酸化ベンゾイル、エチルメチルケトンパーオキサイド、
硝酸エチル、ニトロセルロース、ピクリン酸、トリニトロトルエン』

(1) 1つ　　(2) 2つ　　(3) 3つ　　(4) 4つ　　(5) 5つ

問題4 ☑☑☑

第5類の危険物の火災予防および消火について、誤っているものはどれか。

(1) 火気および加熱を避ける。

(2) 衝撃や摩擦を避ける。

(3) 消火の際、注水を避け、抑制作用のあるハロゲン化物消火剤を使う。

(4) 窒息効果による消火は効果が期待できない。

(5) 貯蔵量は、必要最小限にする。

問題5 ☑☑☑

第5類の危険物の火災予防および消火について、誤っているものはどれか。

(1) 衝撃、摩擦を避ける。

(2) 火気との接触や過熱を避ける。

(3) 分解しやすいものは、特に温度、湿気、通風に注意する。

(4) 多くは、大量の水による消火が有効である。

(5) 燃焼速度が極めて速いため、反応抑制効果があるハロゲン化物消火剤は
有効である。

問題6 ☑☑☑

第5類の危険物の消火について、誤っているものはどれか。

(1) スプリンクラー消火設備による冷却消火は、効果がある。

(2) ハロゲン化物消火剤は効果が期待できない。

(3) 泡消火剤は効果がある。

(4) 一般に、燃焼が速く爆発的なため、量が多いと消火が困難である。

(5) 二酸化炭素消火剤による窒息消火は、効果がある。

問題7 ☑☑☑

金属と作用して、爆発性がある金属塩を形成するものはどれか。

(1) ピクリン酸　　　　　(2) 硝酸エチル　　　　　(3) 硝酸メチル

(4) ニトロセルロース　　(5) ニトログリセリン

問題8

次のうち、火災時に水の使用が不適切なものはどれか。

(1) 過酸化ベンゾイル
(2) アジ化ナトリウム
(3) ピクリン酸
(4) トリニトロトルエン
(5) アゾビスイソブチロニトリル

問題9

過酢酸の性状について、正しい記述はいくつあるか。

A： 無色の液体である。
B： 加熱すると発火・爆発する。
C： 毒性があり、皮膚や粘膜に対する刺激性が強い。
D： エタノール、エーテルには溶けない。
E： 引火性はない。
(1) 1つ　　(2) 2つ　　(3) 3つ　　(4) 4つ　　(5) 5つ

問題10

過酸化ベンゾイルの貯蔵および取扱いについて、誤っているものはどれか。

(1) 爆発の恐れがあるため、加熱や衝撃を与えない。
(2) 吸湿すると爆発の恐れがあるので、乾燥状態で貯蔵する。
(3) 爆発を防ぐため、有機物との混合を避ける。
(4) 光によって爆発する恐れがあるため、直射日光を避ける。
(5) 消火の際は、一般に、大量の水や泡消火剤を用いる。

問題11

エチルメチルケトンパーオキサイド（市販品）の貯蔵および取扱いについて、誤っているものはいくつあるか。

A： 水と接触すると分解するので、水との接触や水系の消火剤の使用を避ける。

B：分解が促進されるので、20℃においてもぼろ布、酸化鉄との接触は避ける。

C：酸化されやすい物質との接触を避ける。

D：高純度のものは危険性が高いため、フタル酸ジメチルで希釈されたものが用いられる。

E：容器は密栓し、直射日光を避けて冷暗所に貯蔵する。

(1) 1つ　　(2) 2つ　　(3) 3つ　　(4) 4つ　　(5) 5つ

問題12

硝酸エチルの性状として、正しいものはどれか。

(1) 暗褐色の液体である。

(2) 悪臭があり、苦みを有する。

(3) 水に不溶で、水より軽い。

(4) 引火性があり、引火点は常温（20℃）以下である。

(5) 蒸気は空気よりも軽い。

問題13

ニトログリセリンの性状として、正しいものはどれか。

(1) 凍結すると爆発しにくくなる。

(2) 水によく溶ける。

(3) 水酸化ナトリウムのアルコール溶液で分解すると、非爆発性になる。

(4) 比重は1より小さい。

(5) 毒性はない。

問題14

ピクリン酸とトリニトロトルエンに共通する性状として、誤っているものはどれか。

(1) ニトロ化合物に属し、爆薬の原料に用いられる。

(2) 常温常圧で固体である。

(3) 金属と作用して爆発性の高い金属塩を形成する。

(4) 比重は1を超える。

(5) 加熱、摩擦、衝撃等により爆発しやすい。

問題15

ピクリン酸の性状として、誤っているものはどれか。

(1) 常温常圧で黄色の結晶である。
(2) 苦味を有し、毒性がある。
(3) 熱水、アルコールに溶ける。
(4) 金属と作用して爆発性の金属塩を形成する。
(5) 乾燥状態では安定のため、貯蔵時は乾燥させておく。

問題16

ニトロセルロースの貯蔵・取扱いにおける注意事項として、誤っているものはどれか。

(1) 乾燥状態では危険性が高いため、アルコールや水で湿らせて貯蔵される。
(2) 窒素含有量(硝化度)が高いものほど危険性が高い。
(3) 容器の破裂を防ぐため、貯蔵容器には通気性を持たせる。
(4) 直射日光を避ける。
(5) 加熱、衝撃、摩擦を避ける。

問題17

セルロイドの性状について、誤っているものはどれか。

(1) 100℃以下で軟化する。
(2) 一般に、粗製品ほど発火点が高い。
(3) 通常は、透明または半透明の固体である。
(4) アセトンや酢酸エチルなどに溶ける。
(5) 熱可塑性である。

問題18

ジニトロソペンタメチレンテトラミンの性状として、誤っているものはどれか。

(1) 比重は1より大きい。
(2) 淡黄色の粉末である。
(3) 水、ベンゼン、アルコールにわずかに溶ける。

（4）加熱すると分解して窒素、アンモニア、ホルムアルデヒドなどを生じる。

（5）酸性溶液に浸すと安定する。

問題19　☑☑☑

アゾビスイソブチロニトリルの性状として、正しいものはどれか。

（1）比重は1より小さい。

（2）無色の粘性液体である。

（3）アルコール、エーテルに溶けない。

（4）分解すると窒素とシアンガスを生じる。

（5）消火には二酸化炭素消火剤を用いる。

問題20　☑☑☑

ジアゾジニトロフェノールの貯蔵・取扱い方法として、誤っているものはどれか。

（1）火気、加熱、摩擦、衝撃を避ける。

（2）水または水とアルコールの混合液中に貯蔵する。

（3）塊状のものは、麻袋に入れて打撃を加え粉砕する。

（4）火災時には多量の水で消火する。

（5）粉末が飛散しないように注意する。

問題21　☑☑☑

硫酸ヒドラジンの性状として、誤っているものはどれか。

（1）無色の液体である。

（2）温水に溶けて酸性を示す。

（3）アルカリと接触するとヒドラジンを遊離する。

（4）融点以上に加熱すると分解してアンモニア、二酸化硫黄、硫化水素、硫黄を生じる。

（5）還元性が強く、酸化剤と激しく反応する。

問題22

硫酸ヒドロキシルアミンの性状について、正しいものはいくつあるか。

A： 水溶液のものは金属製容器（鉄、アルミニウム、銅）に貯蔵する。
B： 有毒である。
C： 強い還元性がある。
D： エタノール、ジエチルエーテルによく溶ける。
E： 微粉状のものは粉じん爆発の危険性がある。

(1) 1つ 　　(2) 2つ 　　(3) 3つ 　　(4) 4つ 　　(5) 5つ

問題23

アジ化ナトリウムの性状として、誤っているものはどれか。

(1) 水の存在下で重金属と作用して不安定なアジ化物を形成する。
(2) 無色の板状結晶である。
(3) 加熱すると、約300℃で窒素と金属ナトリウムに分解する。
(4) 酸との接触で、有毒で爆発性のアジ化水素酸を発生する。
(5) 消火時は大量の水を用いるのが有効である。

問題24

アジ化ナトリウムによる火災に対する消火方法として、最も適切なものはどれか。

(1) 多量の水をかけて冷却する。
(2) 泡消火剤を放射する。
(3) 乾燥砂をかける。
(4) ハロゲン化物消火剤を放射する。
(5) 二酸化炭素消火剤を放射する。

問題25

☑ ☑ ☑

硝酸グアニジンの性状として、誤っているものはどれか。

(1) 水、アルコールに溶けない。

(2) 白色の結晶。

(3) 比重は1を超える。

(4) 爆薬の成分として使用されることがある。

(5) 急加熱すると爆発する恐れがある。

解 答 ・ 解 説

問題1

解答(3)

　ニトログリセリンは、ニトロ化合物ではなく「硝酸エステル類」です。「ニトロ」が付くので間違いやすい選択肢です。注意しましょう。それ以外はすべて正しい記述です。

問題2

解答(2)

　A、Bが誤りです。理由は次の通りです。A：水と反応して水素を発生するのは、第3類のアルカリ金属やアルカリ土類金属等です。B：第5類には、引火性の物品もあります。

問題3

解答(3)

　液体なのは、過酢酸、エチルメチルケトンパーオキサイド、硝酸エチルです。第5類で液体のものは、次の5つを知っておくとよいでしょう（それ以外は固体）『エチルメチルケトンパーオキサイド、過酢酸、硝酸メチル、硝酸エチル、ニトログリセリン』

問題4

解答(3)

　第5類は、基本的に大量の水や泡消火剤による消火を行います。燃焼が極めて速く爆発的ですので、ハロゲン化物消火剤による抑制効果は期待できません。

問題5

解答（5）

第5類の危険物の火災に対して、ハロゲン化物消火剤は効果が期待できません。火災時に金属ナトリウムを生成する「アジ化ナトリウム」を除き、第5類の消火には水が最も有効です（ただし、爆発的で消火困難な場合あり）。

問題6

解答（5）

第5類の危険物は、酸素を含有している『自己反応性物質』のため、空気中の酸素を遮断する窒息消火は効果がありません。

問題7

解答（1）

ピクリン酸は酸性のため金属と作用して爆発性の金属塩を作ります。

問題8

解答（2）

第5類で水による消火が不適切（危険）なのは、アジ化ナトリウムだけです。それ以外の物品は、水による消火が適するか、もしくは爆発的で消火の余地がないかのいずれかです。

問題9

解答（3）

A、B、Cが正しい記述です。D：過酢酸はアルコール（エタノール、メタノール）、エーテルのほか、水と硫酸にも溶けます。E：過酢酸の引火点は約41℃で、引火の危険性もあります。

問題10

解答（2）

過酸化ベンゾイルは、乾燥状態の方が爆発の危険性が高くなります。

問題11

解答（2）

A、Eの2つが誤りです。A：水による消火が適します（第5類で水による消火が適さないのはアジ化ナトリウムのみです）。B：布や鉄さびなどと接触すると30℃以下でも分解するため、常温（20℃）でも危険です。C：強い酸化性があります。D：設問の通りです。E：直射日光を避けて冷暗所に貯蔵するのは正しいですが、容器に通気性を持たせます。第5類で容器に通気性を持たせるのはエチルメチルケトンパーオキサイドのみです。

問題12

　（4）が正解です。それ以外の記述が正しくない理由は次の通りです。

　（1）硝酸エチルおよび硝酸メチルは、無色の液体です。（2）悪臭と苦みではなく、芳香と甘味があります。（3）水よりも重いです（第5類の危険物の比重はすべて1を超えると理解しておきましょう）。（5）蒸気は空気より重いです。分子量が空気（約29）より大きい危険物の蒸気は空気に沈みます。「消防法上の危険物の蒸気比重は1を超える」と理解しておけば問題ありません。つまり、個々の危険物の蒸気比重を知る必要はありません。

問題13

　（3）が正解です。それ以外の記述が正しくない理由は次の通りです。

　（1）凍結していなくても爆発の危険性がありますが、凍結すると爆発の危険性が増します（約8℃で凍結）。（2）水に溶けません。（4）第5類の危険物で比重が1未満のものはありません。（5）毒性があります。

問題14

　金属と作用して爆発性の金属塩を形成するのは、ピクリン酸だけです。トリニトロトルエンは金属とは作用しません。

問題15

　乾燥状態で貯蔵すると爆発の危険性が増します。通常、10%程度の水を加えて貯蔵します。

問題16

　第5類の危険物で、容器に通気性を持たせるのは、エチルメチルケトンパーオキサイドのみです。

問題17

　（2）は逆のことを書いています。セルロイドは、一般に粗製品（品質の悪い物）の方が発火点が低く、自然発火しやすいです。

第5章

第5類の危険物（自己反応性物質）

章末問題

問題18
解答 (5)

ジニトロソペンタメチレンテトラミンは、酸との接触は発火や爆発の恐れがあります。

問題19
解答 (4)

(4) が正解です。それ以外の記述が正しくない理由は次の通りです。

(1) 比重は1より大きい（第5類のすべてに共通）。(2) 白色の固体。(3) アルコール、エーテルに溶けます。(5) 大量の水で消火します。そもそも、第5類のすべての危険物の火災に対して、二酸化炭素消火剤は適切ではありません（自己反応性物質なので、窒息消火が効かないため）。

問題20
解答 (3)

この物品に限らず、第5類に打撃を加えると爆発の恐れがあります。

問題21
解答 (1)

硫酸ヒドラジンは白色の結晶です。液体ではありません。

問題22
解答 (3)

B、C、Eが正しい記述です。A：水溶液は強酸性のため、金属容器を腐食します。強固なガラス容器等に貯蔵します。D：水に溶けますが、エタノール、ジエチルエーテルには溶けません。

問題23
解答 (5)

アジ化ナトリウムは、高温で窒素と金属ナトリウムに分解します。金属ナトリウムは禁水性の物質ですので、水による消火は危険です。

問題24
解答 (3)

第5類では、アジ化ナトリウムのみが禁水性です。乾燥砂をかけるのが最も適切です。

問題25
解答 (1)

硝酸グアニジンは水とアルコールに溶けます。

第6章

第6章

第6類の危険物
（酸化性液体）

6-1 第6類の危険物

第6類は酸化性液体です。第1類と同じくそれ自体は不燃性ですが、強い酸化力を有するため、可燃物の燃焼を促進します。また、「皮膚を腐食する」「蒸気が有毒」など、人体に対して有害です。

重要 乙種のすべての類の試験に共通し、各類の危険物の共通事項が出題されます。乙種第6類の試験を受ける際には、必ず「第1章 危険物の共通性質（p.15）」をあわせて学習（復習）してください。

1 第6類に共通の事項

第6類に共通の特性、火災予防法、消火法を次の表にまとめます。

▼第6類に共通の特性

特　性	・いずれも不燃性の液体である ・多くは無色の液体（一部、赤や赤褐色のものがある） ・いずれも無機化合物である ・酸化力が強く（強酸化剤）、有機物を酸化させ、発火させることがある（還元剤とよく反応する） ・水と反応して発熱したり、有毒ガスを出すものがある ・腐食性があり、皮膚を侵す。蒸気は有毒である
火災予防法	・火気、直射日光を避ける ・還元性物質、可燃物、有機物などの酸化されやすい物質と接触させない ・耐酸性の容器を使い、容器は密栓する（ただし、過酸化水素の貯蔵容器は密栓せずに通気性を持たせる） ・通風のよい場所で扱う ・水と反応する物品については、水との接触を避ける
消火法	**有効** 水、泡、強化液消火剤、乾燥砂等、粉末消火剤（リン酸塩類）（ただし燃焼物による） **有効でない** 二酸化炭素、ハロゲン化物、粉末消火剤（炭酸水素塩類） ・流出した場合は乾燥砂や中和剤による中和で対処する ・火災時は第6類単独ではないため、燃焼物（第6類の混合によって燃焼している可燃物）の消火に適応する消火剤で消火する ・液体危険物やその蒸気は有毒なため、消火などの際には、皮膚への接触や吸引を防ぐために、マスクや保護具を着用する。また、ガスとの接触を防ぐため、火災の風上で消火活動を行う

　「第6類のすべての危険物に有効な消火剤は？」と問われた場合は、乾燥砂など（乾燥砂、膨張ひる石、膨張真珠岩）と粉末消火剤（リン酸塩類）です。水系の消火剤（水、泡など）はハロゲン間化合物には使用できません。

2 第6類の危険物一覧

　第6類（酸化性液体）の品名を次の表にまとめます。

▼第6類：酸化性液体

品　名	特徴
1.過塩素酸　　2.過酸化水素　　3.硝酸 4.その他のもので政令で定めるもの（ハロゲン間化合物） 5.前各号に掲げるもののいずれかを含有するもの	液体であって、酸化力の潜在的な危険性を判断するための試験において政令で定める性状を有するもの

3 品名ごとの特性

(1) 過塩素酸

　極めて不安定で酸化力が強いため、通常は60 ～ 70%の水溶液として扱われます。

ポイント 不安定な強酸化剤。火気、日光、可燃物を避け、密栓して換気のよい冷暗所に貯蔵する。貯蔵中にも反応する恐れがあるので、長期保存は困難。

▼過塩素酸

物品名 化学式	過塩素酸 $HClO_4$
形状	無色の発煙性液体
比重	1より大きい
溶解性	水（ただし水との接触で音を出しながら発熱する）
性質 危険性	・強い酸化作用を持つ ・空気中で強く発煙する ・加熱すると有毒な塩素ガスと酸素を生じ、やがて爆発する ・おがくず、木片、ぼろきれなどの可燃物と接触すると自然発火の恐れがある ・アルコールなどの可燃性有機物と接触すると、発熱、発火、爆発の恐れがある ・皮膚を腐食する ・銀、銅、鉛などのイオン化傾向が小さい金属も溶解する

性質 危険性	・無水状態の場合、常温でも爆発的に分解する恐れがあるため、通常は60〜70%の水溶液として扱う ・不安定な物質で、常圧で密閉容器に入れて冷暗所で貯蔵しても、次第に分解が進行して黄変し、分解生成物が触媒となって爆発的に分解する。そのため、長期保存は適さない
火災予防法	・加熱、光、可燃物との接触を避け、密栓した耐酸性の容器に入れ、換気のよい冷暗所に貯蔵する ・容器貯蔵中にも分解、黄変し爆発する恐れがあるので、貯蔵品を定期的に点検する ・流出した時には、チオ硫酸ナトリウム（ハイポ）、ソーダ灰（無水炭酸ナトリウム）で中和した後、水で洗い流す
消火法	多量の水による注水消火

過塩素酸と過塩素酸塩類（第1類）を混同しないようにしましょう。

(2) 過酸化水素

　極めて不安定で酸化力が強いため、通常は安定剤を含んだ水溶液で扱われます。

> ポイント 過塩素酸と同様、強力な酸化剤。**容器は密栓しないで通気性を持たせることが、他の物品との大きな相違点。**

▼過酸化水素

物品名 化学式	過酸化水素 H_2O_2
形状	無色の粘性がある液体
比重	1より大きい
溶解性	水（オキシドールは過酸化水素の濃度3%の水溶液）
性質 危険性	・水溶液は弱酸性 ・強い酸化作用を持つ酸化剤である（ただし、酸化力の強い物質に対しては、還元剤として働く場合がある） ・熱、光により水と酸素に分解する ・濃度50%以上では爆発性があり、常温でも水と酸素に分解する（分解防止の安定剤としてアセトアニリド、リン酸、尿酸等を用いる） ・消毒剤、漂白剤、酸化剤などに用いられる ・金属粉、有機物と接触すると発火、爆発の恐れがある ・皮膚に触れると火傷を起こす

火災予防法	・加熱、光、有機物、可燃物、還元性物質との接触を避け、換気のよい冷暗所に貯蔵する ・容器は密栓せず、通気性を持たせる ・漏洩した場合、多量の水で洗い流す
消火法	注水消火

(3) 硝酸

強い酸化力を持ち、銅、水銀、銀とも反応します。

ポイント 強力な酸化剤で、銅、水銀、銀などとも反応する。分解して有害な窒素酸化物（二酸化窒素 NO_2）を発生する。

▼硝酸

物品名 化学式	硝酸 HNO_3	発煙硝酸 HNO_3
形状	無色の液体	赤または赤褐色の液体
比重	1より大きい	
溶解性	水に任意の割合で溶ける（水溶液は強酸性）	
性質 危険性	・加熱や日光により酸素と二酸化窒素（NO_2）（有毒）を生じ、黄褐色を呈する ・湿気を含む空気中で褐色に発煙する ・銅、水銀、銀など、多くの金属を腐食させる ・鉄、ニッケル、クロム、アルミニウム等は、希硝酸には激しく侵されるが、濃硝酸には不動態を作り侵されない ・金、白金は腐食されない 　（ただし、濃塩酸と濃硝酸とを3：1の体積比で混合したものは王水とよばれ、通常の酸には溶けない金、白金をも溶かす） ・有機物と接触すると発火する恐れがある ・二硫化炭素、アミン類、ヒドラジン類との混合は、発火・爆発の恐れがある ・ガソリン、アルコールなどと混合した場合、摩擦や衝撃で激しく爆発する ・木材、紙、布などの可燃物と接触して発火する恐れがある	【濃硝酸に二酸化窒素（NO_2）を加圧飽和して生成される】 ・性質、危険性は硝酸と同様 ・硝酸よりも酸化力がさらに強い

性質危険性	・皮膚に触れると薬傷を起こす（皮膚に触れると、キサントプロテイン反応により黄色に変色する） ・強い酸化力があるため、硝酸の90%水溶液は第6類の危険物の確認試験の標準物質に定められている	
火災予防法	・直射日光、加熱を避け、乾燥した換気のよい冷暗所に貯蔵する ・腐食しない容器（ステンレスなど）を用い、容器は密栓する ・可燃物（のこくず、かんなくず、木くず、木片、紙、布など）、有機物、還元性物質との接触を避ける	
消火法	・燃焼物に応じた消火方法をとる ・流出時は、土砂による流出防止、注水による希釈、ソーダ灰や消石灰などによる中和処理を行う ・有毒ガスを生じるため、防毒マスクなどの保護具を着用する	

（4）その他のもので政令で定めるもの

　ここには、ハロゲン間化合物が該当します。多数のフッ素原子を含むものは反応性が高く、多くの金属、非金属と反応してフッ化物を形成します。

> **ポイント** 可燃物と反応して発熱するほか、水、金属、非金属とも反応してフッ化水素（猛毒）やフッ化物を作る。ハロゲン間化合物は分子内にOを含まないため、分解しても酸素を放出しない。

▼ハロゲン間化合物

物品名 化学式	三フッ化臭素 BrF_3	五フッ化臭素 BrF_5	五フッ化ヨウ素 IF_5
形状	無色の液体		
比重	1より大きい		
沸点	126℃	41℃	100.5℃
性質危険性	・強力な酸化剤 ・水と激しく反応する。その際、猛毒なフッ化水素を生じる ・可燃物や有機物と反応して発火する ・多くのフッ素原子を含むものほど反応性が高く、多くの金属、非金属を酸化しフッ化物を作る		
	・空気中で発煙する ・低温で固化する （融点9℃）	・三フッ化臭素よりも反応性が高い	

火災予防法	・水、可燃物、有機物、還元性物質と接触させない ・容器は密栓する ・ポリエチレン製の容器を用いる（金属、ガラス、陶器類の容器は不適切）
消火法	・粉末消火剤（リン酸塩類）または乾燥砂 で消火する（水系の消火剤は、フッ化水素を生じるため適さない）
補足事項	・フッ化水素の水溶液は、ガラスを侵すので注意を要する

4 知っておくと便利な特性まとめ

試験で正解を導くために知っておくと便利な特性をまとめます。

(1) 水と反応して有毒ガスを発生する物品

品名または物品名	発生ガス
ハロゲン間化合物（三フッ化臭素、五フッ化臭素、五フッ化ヨウ素）	フッ化水素

(2) 注水による消火を避ける物品

品名または物品名
ハロゲン間化合物（上記(1)のとおり、水と反応して有毒ガスを発生するため）

(3) 貯蔵容器に通気性を持たせる物品

品名または物品名
過酸化水素

(4) 色や形状が特徴的な物品

代表的形状	色などに特徴ある物品（丸カッコ内が色）〔鍵カッコ内が形状〕
無色の液体	過酸化水素（無色の[粘性液体]）、発煙硝酸（赤・赤褐色） 「第6類で色があるのは発煙硝酸だけ」と覚えましょう

(5) 毒性・腐食性がある物品

品名または物品名
過塩素酸、過酸化水素、硝酸、発煙硝酸、ハロゲン間化合物 第6類はすべて人体に毒性や皮膚への腐食性があると理解しましょう

これだけは押さえておこう！

第6類危険物

・それ自体は不燃物だが、酸素供給体（強酸化剤）のため、可燃物と混合した場合、可燃物の燃焼を促進します。

・分解して酸素（O_2）を放出するものが多いですが、ハロゲン間化合物は分子内にO_2を含まないため、分解して酸素を放出しません。

・通常、多量の水や泡で冷却し、消火します。ただし、燃焼物に応じた消火方法をとる必要があります（例：第4類との混合による火災の場合、注水は不適切です）。

・ハロゲン間化合物は、水と反応して猛毒なフッ化水素を生じるので、水系の消火剤を使えません。

・腐食性があり、蒸気は有毒です。

・酸に腐食されない容器を用い、容器は密栓します（過酸化水素のみ例外で、容器に通気性を持たせます）。

練習問題 次の問について、○×の判断をしてみましょう。

■ **第6類に共通する特性**

(1) 第6類の多くは有機化合物である。

(2) 第6類には、水と激しく反応するものがある。

(3) 第6類の物品の中には、容器を密栓せずに通気性を持たせるものがある。

(4) 第6類は、吸入すると有毒なもの、皮膚に触れると皮膚を侵すものが多い。

(5) 第6類は、常温常圧でほとんどが液体だが、一部は固体のものもある。

(6) 「温度上昇を防ぐ」、「空気との接触を避ける」、「容器に通気口を設ける」、「空気の湿度を高く保つ」、「可燃物との接触を避ける」のうち、第6類の危険物の火災予防として最も重要なのは、「空気との接触を避ける」ことである。

(7) 第6類の危険物は、分子内に多量の水素と酸素を含むため、衝撃などを加えると燃焼しやすい。

(8) 第6類の多くは、注水消火は厳禁である。

(9) 第6類は、火源があれば燃焼するので、取扱いには注意を要する。

(10) 第6類は、通常は強い酸化剤であるが、高温になると還元剤として作用する。

(11) 第6類の危険物には、分子内に酸素を含まないものもある。

(12) 第6類の危険物による火災には、窒息消火が有効である。

解答 ●●●

■ **第6類に共通する特性**

(1) × 硝酸、過酸化水素など、第6類の危険物はいずれも無機化合物です。

(2) ○ ハロゲン間化合物は、水と反応して有毒ガス（フッ化水素）を出します。

(3) ○ 第6類では過酸化水素が該当します。覚えておきましょう。

(4) ○

(5) × 第6類は酸化性液体ですので、常温常圧ではすべて液体です。惑わされないようにしましょう。

(6) × 第6類は不燃物のため、空気があっても燃えません。最も大切なのは、「可燃物（還元剤）との接触を避ける」ことです。

(7) × 第6類はそれ自体は不燃性です。

(8) × 基本は注水消火が適します（水と反応して有毒ガスを生じるハロゲン間化合物は、水による消火が適しません）。

(9) × 酸化性液体なので、それ自体は不燃物です。火源（熱源）があったとしても、可燃物がなければ燃焼の三要素がそろわず、燃焼しません。

(10) × 高温域で還元剤になることはありません。むしろ分解して酸素を出しますので、酸化作用が強くなります。

(11) ○ ハロゲン間化合物は、分子内に酸素を含みません。

(12) × 分子内に酸化剤を持っていますので、窒息効果により外部からの酸素を遮断したとしても、消火ができません。

練習問題　次の問について、○×の判断をしてみましょう。

■ 過塩素酸

（13）過塩素酸は、茶褐色で流動性のある液体である。

（14）過塩素酸は、空気中で発煙する。

（15）過塩素酸は、水と作用して発熱する。

（16）過塩素酸は、水で薄めると不安定になるため、無水状態で貯蔵する。

（17）過塩素酸の濃度が3％の水溶液をオキシドールといい、消毒などに利用される。

■ 過酸化水素

（18）過酸化水素は、水に溶けない。

（19）過酸化水素は、一般には酸化剤であるが、強い酸化力を持つ物質に対しては、還元剤として作用する場合もある。

（20）過酸化水素は極めて不安定で、濃度50％以上では常温でも水と酸素に分解する。

（21）過酸化水素は不安定で引火性の強い物品である。

（22）過酸化水素は、分解防止の安定剤として、アセトアニリド、リン酸、金属粉などを使用する。

（23）過酸化水素は、分解反応が促進されるので、リン酸と接触させてはならない。

（24）過酸化水素の貯蔵容器は密栓し、直射日光を避けて冷暗所に貯蔵する。

■ 硝酸・発煙硝酸

（25）純粋な硝酸は、黄褐色の液体である。

（26）硝酸は水に溶解し、強酸性を示す。

（27）硝酸は、安定剤として3％程度尿酸を加えて貯蔵する。

（28）硝酸は、ステンレスを激しく侵すため、保存容器は銅、銀のものを用いる。

（29）アルミニウム容器は、希硝酸には使用できるが、濃硝酸には侵される。

（30）硝酸は、水素よりもイオン化傾向の小さい銅、銀、水銀とも反応する。

（31）硝酸は、塩酸と混合させても発火や爆発を促進しない。

（32）硝酸が流出した際には、おがくず、ぼろ布などに吸収させ、拡散を防ぐ。

（33）発煙硝酸は、無色透明の粘性液体で、酸化力は硝酸よりはやや劣る。

（34）加熱した硝酸から発生する蒸気を発煙硝酸という。

（35）硝酸と水が混合すると、可燃性ガスを生じる。

解答 •••

■ 過塩素酸

(13)　×　過塩素酸は、無色の発煙性液体です。

(14)　○

(15)　○

(16)　×　無水状態は極めて不安定のため、通常は60〜70%の水溶液として扱います。

(17)　×　オキシドールは、過酸化水素の3%水溶液です。

■ 過酸化水素

(18)　×　水に溶けます。

(19)　○

(20)　○

(21)　×　不安定で分解して酸素を出しやすい物品ですが、引火性はありません。「第6類は酸化性液体」という基本を知っていれば、正解できます。

(22)　×　アセトアニリド、リン酸は正しいですが、金属粉は正しくありません。金属粉と混ぜると分解します。正しくは尿酸です。

(23)　×　リン酸は、過酸化水素の分解を抑制する安定剤の1つです。

(24)　×　分解して生じる酸素により内圧が増大し容器が破裂する恐れがあります。そのため、過酸化水素の貯蔵容器には通気のための穴の開いた栓を用います。第6類で容器に通気口を設けるのは過酸化水素だけです。覚えておきましょう。

■ 硝酸・発煙硝酸

(25)　×　純粋なものは無色透明の液体です（分解が進んだものは黄褐色を呈することがあります）。

(26)　○

(27)　×　安定剤に尿酸などを使うのは、過酸化水素です。

(28)　×　ステンレスは侵されにくいので、利用可能です。銅や銀は侵されます。

(29)　×　内容が逆です。アルミニウム容器は濃硝酸には不動態を作り侵されず、希硝酸には侵されます。

(30)　○

(31)　○　ちなみに、濃塩酸と濃硝酸を3：1で混合したものは王水とよばれます。

(32)　×　第6類に共通のことですが、酸化性液体におがくずなどの可燃物を接触させるのは、発火・爆発の恐れがあるため危険です。

(33)　×　発煙硝酸は赤または赤褐色の液体で、酸化力は硝酸よりも強いです。

(34)　×　濃硝酸に二酸化窒素（NO_2）を加圧飽和させたものが発煙硝酸です。

(35)　×　水と混合して可燃性ガスを生じるのは、第3類の禁水性物質です。

練習問題　次の問について、○×の判断をしてみましょう。

■ 硝酸・発煙硝酸（続き）

(36) 硝酸が分解すると酸素と二酸化窒素を生じる。いずれの気体も無害である。

(37) 鋼製容器内に入った硝酸を水で希釈すると、容器が腐食しやすくなる。

■ ハロゲン間化合物

(38) ハロゲン間化合物は、フッ素を多く含むものほど、反応性が高い。

(39) ハロゲン間化合物は、加熱すると分解して酸素を放出する。

(40) ハロゲン間化合物は、ほとんどの金属、非金属と反応してフッ化物を作る。

(41) ハロゲン間化合物が水と反応すると猛毒なフッ化水素を生じる。

(42) ハロゲン間化合物の火災に、乾燥砂、膨張ひる石は適応する。

(43) 三フッ化臭素に比べて、五フッ化臭素の方が反応性が低い。

(44) 五フッ化臭素の貯蔵容器には、ガラスが適している。

解答

■ 硝酸・発煙硝酸（続き）

(36) × 酸素と二酸化窒素が生成されること正しいですが、二酸化窒素は有毒です。

(37) ○ 鋼（鉄が主成分）、アルミニウム、ニッケル、クロムは、むしろ希硝酸によって激しく侵されます。

■ ハロゲン間化合物

(38) ○

(39) × そもそも、ハロゲン間化合物は分子内に酸素原子（O）を含みません。

(40) ○

(41) ○ 猛毒なフッ化水素が出ますので、水系の消火剤の使用はできません。

(42) ○ 水と反応して有毒ガスを生じるため、乾燥砂、膨張ひる石などが適します。

(43) × 五フッ化臭素の方が反応性に富みます。

(44) × ガラス容器は腐食される危険性があります。

6章 第6類の危険物 章末問題

問 題

問題1

☑ ☑ ☑

第6類の危険物の性状について、誤っているものはどれか。

(1) それ自体は燃焼しない。
(2) 日光に対しては安定であるが、可燃物と混合すると着火する恐れがある。
(3) 水と激しく反応するものがある。
(4) 無機化合物である。
(5) 常温常圧（20℃、1気圧）において、すべて液体である。

問題2

☑ ☑ ☑

第6類の危険物の性状として、誤っているものはいくつあるか。

A： 液体比重は1より小さく、水に浮くものが多い。
B： 酸化性の液体である。
C： 腐食性があり皮膚をおかし、その蒸気は人体に有毒である。
D： いずれも有機化合物である。
E： それ自体は不燃性の物質である。
(1) 1つ　　(2) 2つ　　(3) 3つ　　(4) 4つ　　(5) 5つ

問題3

☑ ☑ ☑

第6類の危険物の性状について、誤っているものはどれか。

(1) 常温常圧において、すべて液体である。
(2) 触れると皮膚を腐食させるものがある。
(3) いずれも無機化合物である。
(4) いずれも容器を密栓して冷暗所に貯蔵する。
(5) 強い酸化性を有する。

第**6**章 第6類の危険物（酸化性液体）

章末問題

175

問題4 ☑☑☑

第6類の危険物の性状について、誤っているものはどれか。

(1) すべて、水で希釈すると金属に対する腐食性が低下する。

(2) すべて比重は1より大きい。

(3) すべて常温常圧で液体である。

(4) すべて有機物との接触は厳禁である。

(5) 水と激しく反応し、分解するものがある。

問題5 ☑☑☑

第6類の危険物に共通する貯蔵・取扱い方法として、不適切なものはどれか。

(1) 通風がよく、十分な換気がなされた場所で扱う。

(2) 有機物、可燃物などとは接触させない。

(3) 破損を防ぐために、貯蔵容器には必ず通気口を設ける。

(4) 容器を腐食させるものがあるので、容器の破損や腐食に注意する。

(5) 適正な保護具を着用して取扱う。

問題6 ☑☑☑

第6類の危険物の貯蔵時に、容器を密栓せず通気性を持たせる必要がある危険物はどれか。

(1) 過塩素酸　(2) 過酸化水素　(3) 硝酸　(4) 発煙硝酸　(5) 五フッ化臭素

問題7 ☑☑☑

第6類の危険物の消火法について、誤っているものはどれか。

(1) 消火の際には、皮膚を保護する。

(2) 有毒ガスが発生するため、消火の際には風上に位置し、ガスマスクを使用する。

(3) 消火の際には、窒息消火が有効である。

(4) 多量の注水により消火する場合は、危険物が飛散しないように注意する。

(5) 流出した場合は乾燥砂や中和剤による中和で対処する。

問題8

次のうち、第6類のすべての危険物の消火に有効なものはどれか。

- （1）泡消火剤を放射する。
- （2）霧状の水を放射する。
- （3）霧状の強化液を放射する。
- （4）乾燥砂で覆う。
- （5）二酸化炭素消火剤を放射する。

問題9

過塩素酸の性状として、誤っているものはどれか。

- （1）比重は1より大きい。
- （2）空気中で発煙する。
- （3）赤褐色の液体である。
- （4）水と接触して発熱する。
- （5）ぼろきれなどと接触すると、自然発火の恐れがある。

問題10

過塩素酸の性状として、誤っているものはどれか。

- （1）無色の発煙性液体である。
- （2）それ自体は不燃性である。
- （3）加熱すると爆発する。
- （4）銅、鉛などの金属に対して腐食性を持つ。
- （5）消火時には、注水は厳禁である。

問題11

過塩素酸の性状として、誤っているものはどれか。

- （1）有機物と接触すると発火する恐れがある。
- （2）空気中で発煙する。
- （3）水中に滴下すると音を出して発熱する。
- （4）加熱すると爆発する。
- （5）腐食性がある可燃性の液体である。

問題12 ☑☑☑

過塩素酸の流出事故発生時における処置として、適切ではないものはどれか。

(1) 土砂などで過塩素酸を覆って、流出の拡大を防止する。

(2) チオ硫酸ナトリウム、ソーダ灰、消石灰で中和してから水で洗い流す。

(3) 発煙性があるため、作業時には風下側を避け、保護具等を着用して行う。

(4) 過塩素酸は水と作用して激しく発熱するため、注水は絶対に避ける。

(5) 過塩素酸と接触する恐れがある可燃物を取り除く。

問題13 ☑☑☑

過酸化水素の性状として、誤っているものはいくつあるか。

A： 過酸化水素の濃度30%の水溶液をオキシドールという。

B： 強い酸化作用を持つが、還元剤の作用をすることもある。

C： 容器を密栓し冷暗所に貯蔵する。

D： 濃度50%以上のものは爆発の恐れがある。

E： 皮膚に触れると火傷を起こす。

(1) 1つ　　(2) 2つ　　(3) 3つ　　(4) 4つ　　(5) 5つ

問題14 ☑☑☑

過酸化水素の性状として、誤っているものはどれか。

(1) 有機物と接触すると発火する恐れがある。

(2) 熱はもちろん、直射日光によっても分解する。

(3) 水に溶ける。

(4) 純粋なものは無色で粘性のある液体である。

(5) 安定剤としてリン酸、尿酸、アルミニウム粉等が用いられる。

問題15 ☑☑☑

次の物質のうち、過酸化水素と混合した時に爆発の危険がないものはどれか。

(1) リン酸

(2) エタノール

(3) 二酸化マンガン

（4）クロム粉

（5）鉄粉

問題16　☑☑☑

過酸化水素の貯蔵・取扱いについて、誤っているものはどれか。

（1）アセトアニリド、リン酸、尿酸との接触を避ける。

（2）可燃物と隔離して貯蔵・取扱いを行う。

（3）貯蔵容器には、通気性を持たせる。

（4）換気のよい冷暗所で貯蔵する。

（5）金属粉との接触を避ける。

問題17　☑☑☑

硝酸の性状として、誤っているものはどれか。

（1）希硝酸は、鉄、アルミニウム、ニッケルなどを激しく侵す。

（2）皮膚に触れると薬傷を起こす。

（3）鉄、アルミニウムを濃硝酸と接触した場合、不働態を作り侵されない。

（4）濃硝酸から発生する蒸気を発煙硝酸という。

（5）濃硝酸と濃塩酸を一定の割合で混合したものは王水とよばれ、金を溶かす。

問題18　☑☑☑

硝酸の性状として、誤っているものはどれか。

（1）酸化力が強く、すべての金属と反応して水素を発生する。

（2）木くず、紙などの可燃物と接触すると発火する恐れがある。

（3）加熱や日光により酸素と二酸化窒素を生じ、黄褐色を呈する。

（4）二硫化炭素、アミン類、ヒドラジンとの混合は、発火・爆発の恐れがある。

（5）水とは任意の割合で混合する。

問題19

硝酸の性状として、誤っているものはどれか。

(1) 無色の液体である。
(2) 濃硝酸は、鉄やアルミニウムなどの容器を激しく侵すため、金属容器を用いる場合は水で希釈した希硝酸として貯蔵する。
(3) 液体比重は1を超え、水に溶ける。
(4) 銅や銀など、水素よりもイオン化傾向の小さな金属とも反応する。
(5) 分解すると有毒ガスを生じる。

問題20

硝酸と発煙硝酸に共通する性状または取扱法として、誤っているものはどれか。

(1) 無色の液体である。
(2) 熱や光によって分解し、酸素を発生すると同時に、有毒な二酸化窒素を発生する。
(3) 還元性物質との接触を避ける。
(4) 容器は密栓し、冷暗所に貯蔵する。
(5) それ自体は不燃性である。

問題21

硝酸の貯蔵・取扱いについて、誤っているものはどれか。

(1) 直射日光、加熱を避け、乾燥した換気のよい冷暗所に貯蔵する。
(2) 容器には、硝酸によって腐食されやすいステンレス製のものは用いない。
(3) 皮膚を侵すため、皮膚に接触しないように注意する。
(4) 流出時は、土砂による流出防止、水による希釈、ソーダ灰や消石灰による中和処理を行う。
(5) 還元性物質との接触を避ける。

問題22

ハロゲン間化合物の性状として、誤っているものはどれか。

(1) 多数のフッ素原子を含むものほど、反応性が高い。

(2) 金属に対しては安定で、反応しない。

(3) 水と激しく反応して、猛毒で腐食性の高いフッ化水素を生じる。

(4) 無色の液体である。

(5) 可燃性物質と接触すると、反応して発熱する。

問題23

ハロゲン間化合物に関わる火災の消火方法として、不適切なものはどれか。

(1) リン酸塩の粉末消火剤をかける。

(2) 泡消火剤で覆う。

(3) 乾燥砂で覆う。

(4) 膨張真珠岩で覆う。

(5) 膨張ひる石で覆う。

問題24

五フッ化臭素の性状として、正しいものはどれか。

(1) 水と反応して、有毒ガスが発生する。

(2) 暗赤色の液体である。

(3) 蒸気は空気よりも軽い。

(4) 空気中で自然発火しやすい。

(5) 還元性が強い。

解 答 ・ 解 説

問題1

解答（2）

直射日光などによって分解が促進されるものがあります。

問題2

解答（2）

A、Dが誤りです。理由は次の通りです。A：液体比重は1より大きいです。D：いずれも無機化合物です。

問題3
解答（4）

基本は容器を密栓しますが、過酸化水素は分解しやすいため、内圧上昇による容器破損を防ぐため、ふたに通気性を持たせます（第6類で容器に通気性を持たせるのは、過酸化水素だけですので覚えておくとよいでしょう）。

問題4
解答（1）

基本は、水で薄めれば腐食性が低下しますが、例外があります。硝酸および発煙硝酸は、水で薄めて希硝酸にすると、鉄、アルミニウム、ニッケル、クロムなどの金属を激しく侵します（濃硝酸では侵されません）。つまり、水で薄めた方が腐食性が増大します。また、（5）について、ハロゲン間化合物（三フッ化臭素、五フッ化臭素、五フッ化ヨウ素）は、水と激しく反応して発熱・分解し、猛毒かつ腐食性のあるフッ化水素を生じます。

問題5
解答（3）

第6類の危険物で、容器に通気口を設けるのは過酸化水素だけです。

問題6
解答（2）

問題3と問題5の解説で示した通り、過酸化水素が該当します。

問題7
解答（3）

第6類自体が、強い酸化剤ですので、窒息消火は効果がありません。

問題8
解答（4）

「第6類すべて」に適合するのは乾燥砂です。第6類の多くは水による消火が適しますが、ハロゲン間化合物は水が使用できません。また、二酸化炭素消火剤による窒息消火は効果がありません。

問題9
解答（3）

過塩素酸は無色の（発煙性）液体です。赤褐色の液体は、発煙硝酸です。第6類の危険物で色があるのは発煙硝酸だけです。

問題 10
解答（5）

過塩素酸は、多量の注水による消火が適します。

問題 11
解答（5）

第6類危険物ですので、それ自体は不燃性です。

問題 12
解答（4）

過塩素酸の消火には多量の注水が適します。

問題 13
解答（2）

A、Cが誤りです。理由は次の通りです。A：オキシドールは濃度3%の水溶液です。C：第6類では、過酸化水素のみ、容器の内圧上昇を防ぐため容器に通気性を持たせます。

問題 14
解答（5）

アルミニウム粉などの金属粉や有機物と接触すると発火・爆発の恐れがあります。過酸化水素の安定剤として用いられるのは、「リン酸、尿酸、アセトアニリド」等です。

問題 15
解答（1）

リン酸は過酸化水素の安定剤に用いられる物質であり、接触しても問題ありません。

問題 16
解答（1）

アセドアニリド、リン酸、尿酸は、過酸化水素の安定剤に用いられています。接触しても問題ありません。

問題 17
解答（4）

硝酸の蒸気と発煙硝酸は別です。発煙硝酸は、濃硝酸に二酸化窒素を加圧飽和して生成されるものです。

問題18

解答 (1)

硝酸は強い酸化力がありますが、すべての金属と反応するわけではありません。金や白金は、硝酸や硝酸の水溶液では溶けません（濃硝酸と濃塩酸を混ぜて作る王水によって溶けます）。

問題19

解答 (2)

鉄、アルミニウム、ニッケル、クロム等は、希硝酸には激しく侵されますが、濃硝酸とは不動態を作り侵されません。間違えやすい問題ですので、注意しましょう。

問題20

解答 (1)

硝酸は無色の液体ですが、発煙硝酸は赤色または赤褐色の液体です。第6類の危険物で色があるのは、発煙硝酸だけです。

問題21

解答 (2)

硝酸の貯蔵には、ステンレス容器が適します。

問題22

解答 (2)

ハロゲン間化合物は、ほとんどの金属、非金属と反応しフッ化物を作ります。

問題23

解答 (2)

ハロゲン間化合物は、水と激しく反応して発熱・分解し、猛毒で腐食性の高いフッ化水素を生じるので、水系の消火剤は適しません。粉末消火剤か乾燥砂が適応します。膨張真珠岩および膨張ひる石は、乾燥砂と同類の消火法ですので、適応可能です。

問題24

解答 (1)

水と激しく反応して有毒で腐食性があるフッ化水素とヨウ素酸を生じます。それ以外が正しくない理由は次の通りです。(2) 無色の液体です。(3) 蒸気は空気に沈みます。(4)第6類は酸化性液体であり、自然発火性はありません。(5)第6類であり、酸化性が強いです。

模擬試験

○試験の概要とアドバイス

総まとめとして、実際の試験型式の模擬問題を解いてみましょう。

実際の試験における出題数、試験時間等を次の表にまとめます。

▼試験の概要（乙種危険物取扱者が科目免除で他の類の乙種試験を受ける場合）

科　目	問題数	解答方法	合格基準正答率	試験時間
危険物に関する法令	―		免除	―
基礎的な物理学及び基礎的な化学	―	五肢択一	免除	―
危険物の性質並びにその火災予防及び消火の方法	10問		60%（6問）以上	35分

　乙種危険物取扱者免状を有する人が科目免除で試験を受ける場合、「危険物の性質並びにその火災予防及び消火の方法」のみを受験することになります。その場合、35分間で10問に解答し、正答率60%以上が合格ラインになります。

　ここでは、各類とも3回分の模擬試験を掲載しています。さらに、ダウンロード版として各類3回分の模擬試験を用意しました。よって、合計で各類6回分の問題に挑戦できます。繰り返し演習して十分な実力をつけましょう。

▼模擬問題演習のやりかた

[1] 実際の試験を想定して、35分以内で問題を解く。自信のない問題には、△マークなどの印をつけておく。

[2] 採点をして、間違った問題と△をつけた問題（正解していたとしても、十分な理解がされていない問題）をピックアップし、「解説」、「テキスト本文」、「章末問題」で復習する。

[3] 間違った問題と△の問題を中心に、繰り返し問題を解く（時間があるならば、3回程度繰り返すことをお勧めします）。

[4] 第2回目以降の模擬問題についても、[1] ～ [3]を繰り返します。安定して8割以上に正答できるようであれば、合格の可能性が高いと思います。

第1類 模擬試験 第1回目

（解答・解説はp.234を参照）

問題1

　危険物の類ごとの一般的性状として正しいものはどれか。

(1) 第2類：いずれも固体の無機物質で、比重は1より大きく水に溶けない。

(2) 第3類：いずれも自然発火性を有し、分子内に酸素を含有する。

(3) 第4類：いずれも炭素と水素からなる化合物で、引火性を持つ液体である。

(4) 第5類：いずれも可燃性の固体または液体である、引火性を有する物質もある。

(5) 第6類：いずれも酸化性の固体で、分解して可燃物を酸化する。

問題2

　第1類の危険物に共通する貯蔵、取扱いの注意事項として、誤っているものはどれか。

(1) 火気、熱源のある場所から離して貯蔵する。

(2) 容器は密栓せず、通気性を持たせる。

(3) 有機物、酸との接触を避ける。

(4) 加熱、摩擦、衝撃を避ける。

(5) 湿度が高い場所を避け、換気の良好な冷暗所に貯蔵する。

問題3

　第1類の危険物が、木材や紙と混在して火災を起こした際に、最も有効な消火方法はどれか。

(1) 塩素酸塩類及び過塩素酸塩類を除き、注水で消火を行う。

(2) アルカリ金属の無機過酸化物及びこれを含有するものを除き、注水で消火を行う。

(3) ハロゲン化物消火剤により消火する。

(4) 二酸化炭素消火剤により消火する。

(5) 過マンガン酸塩類を除き、泡消火剤により消火する。

問題4

過酸化カリウムに関わる火災の初期消火の方法として、最も適切なものはどれか。

(1) 二酸化炭素消火剤で消火する。

(2) 泡消火剤で消火する。

(3) 注水して消火する。

(4) 強化液消火剤で消火する。

(5) 乾燥砂で消火する。

問題5

第1類の危険物に共通する性状について、誤っているものはどれか。

(1) 常温（20℃）で固体である。

(2) 分子内に酸素を含んでいる。

(3) 可燃性である。

(4) 有機物との混合により、爆発する危険性がある。

(5) 潮解性を有する物品がある。

問題6

亜塩素酸ナトリウムの貯蔵および取扱いについて、誤っているものはどれか。

(1) 直射日光を避けて、冷暗所に貯蔵する。

(2) 有毒ガスを発生する恐れがあるため、十分な換気を行う。

(3) 爆発の恐れがあるため、金属粉との接触を避ける。

(4) 有機物との混合や接触を避ける。

(5) 安定剤として酸を加えて貯蔵する。

**1
類**

問題7

塩素酸カリウムの性状として、誤っているものはどれか。

(1) 冷水にわずかに溶け、熱水によく溶ける。

(2) 無色の結晶である。

(3) 濃硫酸との接触で、爆発の危険性がある。

(4) 少量の硫黄を加えることで、爆発を起こしにくくなる。

(5) 加熱すると約400℃で分解が始まる。

問題8

硝酸アンモニウムの性状として、誤っているものはどれか。

(1) 水に溶けると発熱する。

(2) 吸湿性を有する。

(3) 無色または白色の結晶である。

(4) 加熱により分解し、有毒な一酸化二窒素(亜酸化窒素)を生じる。

(5) 特に臭気はない(無臭である)。

問題9

次亜塩素酸カルシウムの性状として、誤っているものはどれか。

(1) 加熱すると分解、発熱し、塩素を発生する。

(2) 水溶液は容易に分解して酸素を発生する。

(3) 水と反応して塩化水素を発生する。

(4) 空気中で次亜塩素酸を遊離するため、塩素臭がある。

(5) アンモニアとの混合で爆発する恐れがある。

問題10

　炭酸ナトリウム過酸化水素付加物（過炭酸ナトリウム）の貯蔵、取扱いについて、誤っているものはどれか。

(1) 火災発生時には、大量の水で消火する。

(2) 漂白作用および酸化作用があるため、可燃性物質や金属粉との接触を避ける。

(3) 貯蔵容器にはアルミニウム製または亜鉛製のものを用いる。

(4) 水に溶けやすく、水溶液は放置するだけで過酸化水素と炭酸ナトリウムに分解するため、湿気が多い場所での貯蔵や取扱いは避ける。

(5) 熱分解して酸素を出すため、加熱を避ける。

問題1

危険物の類ごとの性状として誤っているものはどれか。

(1) 第2類：分子内に酸素を持つため、空気がなくても燃焼する。

(2) 第3類：空気または水と接触して発火する恐れがある。

(3) 第4類：いずれも引火性を持つ液体である。

(4) 第5類：自己反応性を有する液体または固体である。

(5) 第6類：それ自体は不燃性で酸化力が強い液体である。

問題2

第1類の危険物の性状について、誤っているものはどれか。

(1) いずれも、可燃物と混合したものは、加熱や衝撃で爆発することがある。

(2) 水に溶けるものがある。

(3) いずれも強い酸化性を持つ物質である。

(4) いずれも分子内に酸素と窒素を含む化合物である。

(5) いずれもそれ自体は不燃性である。

問題3

第1類の危険物を貯蔵する場合の火災予防法として、誤っているものはどれか。

(1) 換気の良好な冷暗所に貯蔵する。

(2) 容器は密栓する。

(3) 有機物、還元されやすい物質、強酸との接触を避ける。

(4) 直射日光や加熱を避ける。

(5) 分解防止のため、湿度が高い場所に貯蔵する。

問題4

塩素酸塩類の性状として、誤っているものはどれか。

(1) 還元性のものが多い。

(2) 加熱などで分解して酸素を発生する。

(3) 比重は1より大きい。

(4) 水に溶ける物品がある。

(5) 可燃物と混合したものは、衝撃などで爆発することがある。

問題5

過塩素酸塩類の性状として、誤っているものはどれか。

(1) 過塩素酸カリウムは、無色の結晶で水に溶けにくい。

(2) 過塩素酸ナトリウムは、水に溶けやすく潮解性がある。

(3) 過塩素酸アンモニウムは、水に溶けるが潮解性はない。

(4) 過塩素酸カリウムは、塩素酸カリウムよりも不安定で危険性が高い。

(5) 一般に、過塩素酸塩類の比重は1を超える。

問題6

過酸化ナトリウムの性状として、誤っているものはどれか。

(1) 加熱すると約660℃で分解して酸素を生じる。

(2) 比重は1より小さい。

(3) 吸湿性が強い。

(4) 純粋なものは白色だが、通常は黄白色の粉末である。

(5) 水と作用して熱と酸素を生じ、水酸化ナトリウムが発生する。

問題7

臭素酸カリウムの性状として、誤っているものはどれか。

(1) 比重は1より大きい。

(2) 加熱すると370℃で分解をはじめ、酸素と臭化カリウムを生じる。

(3) 水に溶けたものは、酸化作用がなくなる。

(4) 強酸との接触により分解して酸素を生じる。

(5) 無色、無臭の結晶性粉末である。

問題8
硝酸アンモニウムの性状として、誤っているものはどれか。

(1) 急激な加熱、衝撃によって単独でも分解爆発することがある。

(2) 水に溶ける。また、その際に発熱する。

(3) 吸湿性がある。

(4) アルカリ性の物質と反応してアンモニアを発生する。

(5) 強い酸化性を持つ。

問題9
過マンガン酸カリウムの性状として、誤っているものはどれか。

(1) 加熱すると約200℃で分解して酸素を発生する。

(2) 水に溶ける。また、水溶液は赤紫または濃紫色である。

(3) 無色の結晶である。

(4) 比重は1より大きい。

(5) 硫酸と混合すると、爆発する危険性がある。

問題10
三酸化クロムの性状として、誤っているものはどれか。

(1) 加熱すると約250℃で分解して酸素を発生する。

(2) 毒性があり、水に溶けて腐食性が強い酸になる。

(3) 可燃物と接触すると、発火する危険性がある。

(4) 潮解性がある。

(5) 無色の結晶である。

第1類　模擬試験　第3回目

（解答・解説はp.237を参照）

問題1

消防法における危険物の性状として、誤っているものはどれか。

(1) 危険物には、単体、化合物、混合物の3種類がある。

(2) 分子内に酸素を含み、外部からの酸素の供給がなくても燃焼するものがある。

(3) それ自体は不燃性であるが、分解して酸素を発生し、可燃物の燃焼を促進するものがある。

(4) 水と接触して可燃性ガスを放出するものがある。

(5) 常温（20℃）、1気圧のもとで、固体、液体、気体のものがある。

問題2

アルカリ金属の無機過酸化物を貯蔵または取扱う場合の火災予防の方法について、誤っているものはどれか。

(1) 酸化されやすい物質との接触を避ける。

(2) 水との接触を避ける。

(3) 加熱、衝撃、摩擦を避ける。

(4) 炭酸水素塩類との接触を避ける。

(5) 容器は密栓し、換気のよい冷暗所に貯蔵する。

問題3

第1類の危険物（ただし、無機過酸化物を除く）に関する火災に対して最も効果が期待できる消火方法はどれか。

(1) 注水する。

(2) 粉末消火剤を放射する。

(3) 乾燥砂をかける。

(4) 二酸化炭素消火剤を放射する。

(5) ハロゲン化物消火剤を放射する。

問題4

　塩素酸ナトリウムの性状として、誤っているものはどれか。

（1）潮解性を有する。

（2）水に溶けるが、アルコールには溶けない。

（3）水に溶けたものでも、強い酸化性を有する。

（4）無色の結晶である。

（5）可燃物と混合したものは、衝撃などで爆発することがある。

問題5

　過塩素酸カリウムの性状として、誤っているものはどれか。

（1）潮解性を有する。

（2）加熱すると約400℃以上で分解して酸素を放出する。

（3）水に溶けにくい。

（4）塩素酸カリウムに比べると、爆発の危険性は低い。

（5）無色の結晶である。

問題6

　アルカリ金属の無機過酸化物に関する火災の消火法として、最も適切なものはどれか。

（1）泡消火剤を放射する。

（2）湿った土で覆う。

（3）強化液消火剤を放射する。

（4）乾燥砂で覆う。

（5）ハロゲン化物消火剤を放射する。

問題7

　硝酸カリウムの性状として、正しいものはどれか。

（1）潮解性がある。

（2）水にはほとんど溶けない。

（3）比重は1より小さい。

(4) 無色の結晶である。

(5) 加熱すると分解して水素を生じる。

問題8

ヨウ素酸ナトリウムの性状として、正しいものはどれか。

(1) 水に溶けない。

(2) 比重は1を超える。

(3) 加熱すると分解してヨウ素を発生する。

(4) 分解を防ぐため、保護液として水中に貯蔵する。

(5) 赤紫色の固体結晶である。

問題9

重クロム酸アンモニウムの性状として、誤っているものはどれか。

(1) 無色の結晶である。

(2) 比重は1を超える。

(3) 熱すると窒素ガスを生じる。

(4) 水に溶ける。

(5) 貯蔵容器は密栓する。

問題10

二酸化鉛の性状として、誤っているものはどれか。

(1) 毒性はない。

(2) 金属並みの導電率を持ち、電極などにも用いられる。

(3) 塩酸に溶けて塩素を生じる。

(4) 黒褐色の粉末である。

(5) 光や加熱により分解して酸素を生じる。

問題1

危険物の類ごとの性状として誤っているものはどれか。

(1) 第1類：多くは、加熱・摩擦・衝撃などにより分解して酸素を放出する。

(2) 第3類：多くは、空気や水との接触により発熱、発火する。

(3) 第4類：流動性が高く、液体比重が1未満のものが多いため、火災時に延焼が拡大する危険性がある。

(4) 第5類：多くは、酸素を含有し、外部からの酸素の供給がなくても自己反応する。

(5) 第6類：多くは可燃性であり、有機物を還元する。

問題2

次の第2類の危険物を消火する方法として、水による消火が適切なものはいくつあるか。

硫化リン、硫黄、赤リン、鉄粉、アルミニウム粉、亜鉛粉

(1) 1つ　　(2) 2つ　　(3) 3つ　　(4) 4つ　　(5) 5つ

問題3

第2類の危険物の性状として、誤っているものはどれか。

(1) 比重は1より大きいものが多い。

(2) 水と反応してアセチレンガスを放出するものがある。

(3) 燃焼すると有毒ガスを発生するものがある。

(4) 酸化剤との混合により爆発することがある。

(5) ゲル状のものがある。

問題4

　アルミニウム、マグネシウムまたはその合金等を切削や研削する工程で発生する金属粉の発火・爆発の危険性について、誤っているものはいくつあるか。

A： 静電気対策として、加湿すると爆発の恐れがなくなる。

B： 堆積した金属粉が舞い上がり、粉じん爆発を起こす危険性がある。

C： 機器の摩擦や熱により、発火する恐れがある。

D： 金属粉は、粒径が大きいものほど着火しやすい。

E： 金属粉は着火しやすく、いったん着火すると激しく燃焼する。

(1) 1つ　　(2) 2つ　　(3) 3つ　　(4) 4つ　　(5) 5つ

問題5

　硫化リンの貯蔵、取扱いについて、誤っているものはいくつあるか。

A： 容器に通気性を持たせる。

B： 通風及び換気の良い冷所に貯蔵する。

C： 安定化のため、酸化性物質と混合状態で貯蔵する。

D： 火災予防のため、水で湿潤の状態で貯蔵する。

(1) 1つ　　(2) 2つ　　(3) 3つ　　(4) 4つ　　(5) なし

問題6

　五硫化リンが水と作用して発生するガスとして正しいものはどれか。

(1) リン化水素

(2) 水素

(3) 二酸化硫黄

(4) 酸素

(5) 硫化水素

問題7

　硫黄の性状として、誤っているものはどれか。

(1) 黄色の固体または粉末である。

(2) 電気の不良導体である。

(3) 腐卵臭を有する。

(4) 高温で多くの金属と反応して硫化物をつくる。

(5) 燃焼すると二酸化硫黄が発生する。

問題8

　次の危険物のうち、燃焼時に人体に有害なガスを生じる物はどれか。

(1) 硫黄

(2) 鉄粉

(3) アルミニウム粉

(4) 亜鉛粉

(5) マグネシウム

問題9

　赤リンの性状として、誤っているものはどれか。

(1) 赤褐色の粉末で、比重は1よりも大きい。

(2) 水に溶けないが有機溶剤にはよく溶ける。

(3) 燃焼すると有毒なリン酸化物を生じる。

(4) 空気中で約260℃で発火する。

(5) 黄リンの同素体である。

問題10

アルミニウム粉の性状として、誤っているものはどれか。

(1) 銀白色の軽金属である。

(2) 酸と反応して酸素を生じる。

(3) 湿気により自然発火することがある。

(4) ハロゲンと接触すると、反応して発火することがある。

(5) 空気中に浮遊して、粉じん爆発を起こす危険性がある。

（解答・解説はp.240を参照）

問題1

危険物の類ごとの一般的な性状として正しいものはどれか。

(1) 第1類：分子内に酸素を持ち、自己燃焼する。

(2) 第3類：多くは自然発火性および禁水性の両方の性質を有する。

(3) 第4類：いずれも炭素と酸素からなる化合物で、その蒸気比重は1を超える。

(4) 第5類：いずれも加熱、衝撃、摩擦により発火、爆発する固体である。

(5) 第6類：いずれも強い酸化性を有する液体および固体である。

問題2

第2類の危険物の一般的な性状について、誤っているものはどれか。

(1) 多くは比重が1より小さく、水によく溶ける。

(2) 微粉状のものは、空気中に浮遊すると粉じん爆発を起こす恐れがある。

(3) ゲル状のものがある。

(4) いずれも可燃性である。

(5) 燃焼すると有毒ガスを生じるものがある。

問題3

第2類の危険物を貯蔵する場合の注意事項として、誤っているものはどれか。

(1) 硫化リンは、酸化剤と隔離して貯蔵する。

(2) 亜鉛粉は、水分、酸、アルカリと隔離して貯蔵する。

(3) アルミニウム粉は、湿気を避け、乾燥した場所で貯蔵する。

(4) 硫黄は、保護液として二硫化炭素の中に完全に沈めて貯蔵する。

(5) 引火性固体は、換気のよい冷暗所に貯蔵する。

問題4

三硫化リン、五硫化リン、七硫化リンの性状として、正しいものはどれか。

(1) いずれも水や熱水と接触しても安定である。

(2) いずれも無色の結晶である。

(3) いずれも、硫黄より融点が高い。

(4) 三硫化リン、五硫化リン、七硫化リンの順に比重が小さくなる。

(5) 三硫化リン、五硫化リン、七硫化リンの順に融点が低くなる。

問題5

赤リンの性状として、誤っているものはどれか。

(1) 赤褐色の粉末で、臭気はない。

(2) 1気圧において、約400℃で昇華する。

(3) 約260℃で発火する。

(4) 水と反応してリン化水素を発生する。

(5) 燃焼によって生じる生成物は有毒である。

問題6

硫黄の性状として、誤っているものはどれか。

(1) 黒色火薬、硫酸の原料になる。

(2) 空気中で燃焼させると、青い火炎を出す。

(3) エタノール、ジエチルエーテル、ベンゼンによく溶ける。

(4) 電気の不導体である。

(5) 第1類の危険物と混合すると、加熱や衝撃で爆発することがある。

問題7

鉄粉による火災を消火する方法について、最も適切なものはどれか。

(1) 二酸化炭素消火剤を放射する。

(2) 泡消火剤を放射する。

(3) ハロゲン化物消火剤を放射する。

(4) リン酸塩類を主成分とする粉末消火剤を放射する。

(5) 膨張真珠岩（パーライト）で覆う。

問題8

アルミニウム粉の性状として、誤っているものはどれか。

(1) 加熱すると、約660℃で融解する。

(2) 両性元素である。

(3) 貯蔵容器は密栓する。

(4) 銀白色の粉末である。

(5) 比重は1未満であり、水に浮く。

問題9

第2類のマグネシウムに該当するマグネシウム粉末の性状として、誤っているものはどれか。

(1) 銀白色の金属結晶である。

(2) 点火すると白光を放って燃焼する。

(3) 酸化剤と混合すると、打撃などで発火する。

(4) 水とは徐々に反応し、熱水とは速やかに反応して水素を発生する。

(5) 粒径が大きいものほど、発火の危険性が高い。

問題10

引火性固体の性状などについて、誤っているものはどれか。

(1) 消火の際、泡消火剤は効果がある。

(2) 引火点が40℃未満の固体である。

(3) 衝撃を加えると発火、爆発するものがある。

(4) 20℃で可燃性蒸気を発生するものがある。

(5) ゲル状のものがある。

問題1

危険物の類ごとの性状として、正しいものはどれか。

(1) 第1類と第6類の危険物には、単独で自然発火するものが含まれる。

(2) 第1類と第5類の危険物は、すべて可燃性である。

(3) 第3類と第5類の危険物には、いずれも液体と固体の両方がある。

(4) 第3類と第4類の危険物の比重は、すべて1を超える。

(5) 第5類と第6類の危険物は、すべて自己燃焼する。

問題2

次のうち、水と作用して有毒な可燃性ガスを発生するものはどれか。

(1) 亜鉛粉

(2) 赤リン

(3) 硫黄

(4) 固形アルコール

(5) 五硫化リン

問題3

第2類の危険物の貯蔵・取扱いについて、火災予防上誤っているものはどれか。

(1) 火気、高温物体との接触や加熱を避ける。

(2) 酸化性物質との接触を避ける。

(3) 鉄粉、金属粉、マグネシウムは、水および酸との接触を避ける。

(4) 赤リン、硫黄は、空気との接触を避ける。

(5) 硫化リンは、水分との接触を避ける。

2
類

問題4

次の危険物のなかで、水による消火が最も適切なものはどれか。

(1) 硫化リン

(2) 硫黄

(3) 鉄粉

(4) アルミニウム粉

(5) マグネシウム

問題5

三硫化リンと五硫化リンの性状として、誤っているものはどれか。

(1) いずれも黄色系（黄色または淡黄色）の結晶である。

(2) いずれも水に容易に溶ける。

(3) いずれも二硫化炭素に溶ける。

(4) 五硫化リンは、三硫化リンより融点が高い。

(5) 五硫化リンは、三硫化リンより沸点が高い。

問題6

赤リンの性状として、誤っているものはどれか。

(1) 黄リンの同素体である。

(2) 臭気も毒性もない。

(3) 赤褐色の粉末である。

(4) 水、二硫化炭素によく溶ける。

(5) 約260℃で発火する。

問題7

硫黄による火災の消火方法として、最も適切なものはどれか。

(1) 水と土砂で消火する。

(2) 二酸化炭素消火剤を放射する。

(3) 乾燥砂をかける。

(4) 粉末消火剤を放射する。

(5) ハロゲン化物消火剤を放射する。

問題8
　金属粉（アルミニウム粉、亜鉛粉）の消火方法として、最も適切なものはどれか。

(1) 霧状の強化液消火剤を放射する。

(2) ハロゲン化物消火剤を放射する。

(3) 膨張ひる石（バーミキュライト）で覆う。

(4) 屋外で掘り出した土砂をかける。

(5) 泡消火剤を放射する。

問題9
　マグネシウム粉末の性状として、誤っているものはどれか。

(1) 吸湿すると発火する恐れがある。

(2) 酸化剤と混合すると、衝撃などで発火する恐れがある。

(3) 酸化被膜を形成したものは、さらに酸化が促進される危険性がある。

(4) 球状のマグネシウムは、直径が小さいほど燃焼しやすい。

(5) 製造直後のマグネシウムは、時間が経過したものよりも発火しやすい。

問題10
　固形アルコールについて、誤っているものはどれか。

(1) メタノールまたはエタノールを凝固剤で固めたものである。

(2) 常温（20℃）においては、可燃性蒸気を生じない。

(3) 換気のよい冷暗所に、密封して貯蔵する。

(4) 泡消火剤による消火が適応する。

(5) アルコールと同様の臭気がある。

問題1

　危険物の類ごとの燃焼性として誤っているものいくつあるか。

A： 第1類の危険物は、すべて可燃性である。

B： 第2類の危険物は、すべて可燃性である。

C： 第4類の危険物は、すべて可燃性である。

D： 第5類の危険物は、すべて不燃性である。

E： 第6類の危険物は、すべて可燃性である。

（1）1つ　　（2）2つ　　（3）3つ　　（4）4つ　　（5）5つ

問題2

　第3類のすべての危険物の火災に対して有効な消火方法はどれか。

（1）泡消火剤を放射する。

（2）ハロゲン化物消火剤を放射する。

（3）二酸化炭素消火剤を放射する。

（4）霧状の注水で消火する。

（5）乾燥砂で覆う。

問題3

　第3類の危険物には、保護液中に保存するものがあるが、その主な目的として最も適切なものはどれか。

（1）水や空気との接触を防ぐために行う。

（2）火気から守るために行う。

（3）酸素の放出を防ぐために行う。

（4）昇華するのを防ぐために行う。

（5）危険物を発火点以下に保つために行う。

問題4
カリウム火災の消火方法として、次のうち適切なものはいくつあるか。

A： 乾燥砂で覆う。

B： 泡消火剤を放射する。

C： 膨張ひる石（バーミキュライト）で覆う。

D： 二酸化炭素消火剤を放射する。

E： ハロゲン化物消火剤を放射する。

(1) 1つ　　(2) 2つ　　(3) 3つ　　(4) 4つ　　(5) 5つ

問題5
次に掲げる危険物の貯蔵方法として、正しいものはいくつあるか。

A： 黄リン………………乾燥剤を入れた容器内に貯蔵する。

B： ジエチル亜鉛………水で希釈して貯蔵する。

C： ナトリウム…………灯油中に貯蔵する。

D： 炭化カルシウム……水中に貯蔵する。

E： 水素化リチウム……窒素ガスを封入した容器で貯蔵する。

(1) 1つ　　(2) 2つ　　(3) 3つ　　(4) 4つ　　(5) なし

問題6
黄リンの性状について、誤っているものはどれか。

(1) 発火点が100℃よりも低い。

(2) 空気中で酸化熱が蓄積し、自然発火する危険性がある。

(3) 融点が低く、燃焼すると液状になって広がる恐れがある。

(4) 淡黄色のろう状の固体である。

(5) 毒性はほとんどない。

問題7
リン化カルシウムの性状について、誤っているものはいくつあるか。

A： 白色の固体または粉末である。

B： 乾燥した空気中では危険性が高くなる。

C： 加熱すると分解してリン化水素を生じる。

D：酸素や硫黄と高温（300℃以上）で反応する。

E： 空気中の水分と接触するとカルシウムが発生する。

(1) 1つ　　(2) 2つ　　(3) 3つ　　(4) 4つ　　(5) なし

問題8

カリウムの性状として、誤っているものはどれか。

(1) 銀白色で光沢のあるやわらかい金属である。

(2) 比重は1よりも小さい。

(3) 水と反応して水素を発生する。

(4) ハロゲン元素と激しく反応する。

(5) 空気中で加熱すると黄色の炎をあげて燃える。

問題9

炭化カルシウムの性状として、誤っているものはどれか。

(1) 水と反応してアセチレンと二酸化炭素を生成する。

(2) 塊状の固体で比重は1を超える。

(3) それ自体は不燃性であるが、水と反応して可燃ガスを放出する。

(4) 高温で窒素を通じると、石灰窒素を生成する。

(5) 炭素とカルシウムからなる化合物である。

問題10

トリクロロシランの性状として、誤っているものはどれか。

(1) 無色で揮発性と引火性を有する液体である。

(2) 水と反応して塩化水素を生じる。

(3) 人体に対して有毒である。

(4) 火災時にはハロゲン化物消火剤による消火が最も有効である。

(5) 酸化剤との混合により爆発的に反応する。

（解答・解説はp.245を参照）

問題1

第1類から第6類までの危険物の性状等について、正しいものはどれか。

(1) 危険物には、可燃性ではない物品も含まれる。

(2) 20℃、1気圧において引火するものは、必ず第1類から第6類までのいずれかの危険物に該当する。

(3) 危険物は、分子内に必ず炭素、水素、酸素原子のいずれかが含まれる。

(4) 危険物は、すべて単体か化合物である。

(5) 同一の類の危険物であれば、適応する消火剤や消火方法は同じである。

問題2

第3類の危険物の性状として、誤っているものはどれか。

(1) 自然発火を防ぐために、水中に貯蔵される物品がある。

(2) 禁水性物質は、すべて水と反応して水素を発生する。

(3) 窒素などの不活性ガスの中で貯蔵する物品がある。

(4) 20℃、1気圧にて固体のものと液体のものがある。

(5) 金属を腐食させるものがある。

問題3

第3類の危険物の貯蔵について、誤っているものはどれか。

(1) カリウムは、灯油などの石油中に保存する。その際、危険物の状態が確認しやすいように、一部を露出させた状態で貯蔵する。

(2) アルキルアルミニウムは、窒素などの不活性ガス中で貯蔵する。

(3) 黄リンは、水中に貯蔵する。

(4) ジエチル亜鉛は、窒素などの不活性ガス中で貯蔵する。

(5) トリクロロシランは、水分、湿気に触れないように密封した容器内に貯蔵する。

問題4

カリウムの性状として、誤っているものはどれか。

(1) 水と反応して水素と熱を発生する。

(2) 融点が100℃未満の柔らかい金属である。

(3) 燃焼時に、炎色反応によって紫色の発光を放つ。

(4) 比重は1より小さい。

(5) 原子は一価の陰イオンになりやすい。

問題5

アルキルアルミニウムの性状等として、誤っているものはどれか。

(1) 無色の液体または固体で、空気に触れると激しく反応し、発火する恐れがある。

(2) 強化液消火剤、泡状化剤などの水系の消火剤を使うと激しく反応し発火する恐れがある。

(3) 一般に、アルミニウムとアルキル基の化合物であるが、ハロゲン元素を含むものもある。

(4) ハロゲン化物消火剤を使うと、激しく反応して有毒ガスを生じる。

(5) アルキル基の炭素数が多いものほど、発火の危険性が大きくなる。

問題6

黄リンの貯蔵・取扱いにおける注意事項として、誤っているものはどれか。

(1) 空気に触れると酸化して発火する恐れがあるので、空気と遮断して貯蔵する。

(2) 火傷や皮膚を侵す恐れがあるので、皮膚に触れないようにする。

(3) 発火点が約50℃と極めて低いため、温度が上昇しないように注意する。

(4) 融点が44℃程度と低いため、融解・流動に注意する。

(5) 自然発火を防ぐため、水中に貯蔵するが、水中で徐々に反応して酸性に変化するため、保護液を強アルカリ性に保つように注意する。

問題7

リチウムの性状として、正しいものはどれか。

(1) 20℃における密度は、固体の単体の中で最も小さい。

(2) 100℃未満で融解する。

(3) ハロゲンとは反応しない。

(4) カリウム、ナトリウムに比べて水との反応性がより激しい。

(5) 黄色の炎色反応を出して燃える。

問題8

ジエチル亜鉛の性状として、誤っているものはどれか。

(1) 消火にはハロゲン化消火剤を使用する。

(2) 無色の液体である。

(3) 空気に触れると自然発火する恐れがある。

(4) 水と激しく反応し、エタンなどの可燃性ガスを生じる。

(5) ジエチルエーテル、ベンゼンに溶ける。

問題9

水素化ナトリウムの性状として、誤っているものはどれか。

(1) 比重は1を超える。

(2) 加熱するとナトリウムと水素に分解する。

(3) 水と反応して水素を生じる。

(4) 無色で粘性がある液体である。

(5) 強い還元性を有する。

問題10

　炭化カルシウムの性状として、誤っているものはどれか。

（1）それ自体は不燃性である。

（2）水と反応して発熱しつつ分解し、空気より重い可燃性気体を生じる。

（3）純粋なものは無色だが、通常は不燃物を含み灰色を呈する。

（4）吸湿性がある。

（5）比重は1を超える。

第3類　模擬試験　第3回目

（解答・解説はp.247を参照）

問題1
危険物の類ごとの一般的性状として、正しいものはどれか。

(1) 第1類の危険物は、固体であり、分解して可燃性ガスを出す。
(2) 第2類の危険物は、可燃性のある固体であるが、引火性があるものはない。
(3) 第4類の危険物は、液体であり、蒸発して空気と混合することで爆発性の気体を形成する。
(4) 第5類の危険物は、すべて自然発火性を有する。
(5) 第6類の危険物は、それ自体は不燃性であるが、可燃物を酸化する固体である。

問題2
第3類の危険物の貯蔵・取扱いについて、誤っているものはどれか。

(1) 貯蔵容器は密封する。
(2) 冷暗所に貯蔵する。
(3) 保護液に貯蔵する物品の保護液は、すべて石油などの炭化水素である。
(4) 炎、火花、高温物体との接触を避ける。
(5) 水分や湿気を避ける。

問題3
第3類の危険物の消火方法について、誤っているものはどれか。

(1) 噴霧注水による消火は、ほとんどの物品に適さない。
(2) 二酸化炭素またはハロゲン化物消火剤で窒息消火する。
(3) 膨張ひる石は、すべての第3類の危険物の消火に使用できる。
(4) 禁水性の物品には、炭酸水素塩類を用いた粉末消火剤が使用できる。
(5) 自然発火性のみを有する物品には、水、泡、強化液などの水系の消火剤を使用することができる。

問題4

ナトリウムの性状として、誤っているものはどれか。

(1) 100℃未満で融解する。

(2) 水と反応して水素と熱を発生し、発火する恐れがある。

(3) 比重が1より小さく、水よりも軽い。

(4) 酸化されやすい柔らかい金属である。

(5) 空気中で燃焼する際、紫色の炎色反応を起こす。

問題5

ノルマルブチルリチウムを溶媒で希釈すると、危険性が低減する。この溶媒に適するのは次のうちどれか。

A：ヘキサン　B：水　C：過酸化水素　D：エタノール　E：ベンゼン

(1) AとB　　(2) BとC　　(3) CとD　　(4) DとE　　(5) AとE

問題6

カリウム、黄リン、アルキルアルミニウムに共通の性状として、正しいものはどれか。

(1) 水と激しく反応する。

(2) 比重が1を超える。

(3) 保護液や不活性ガスの中で貯蔵する。

(4) 潮解性がある。

(5) アルカリ金属もしくはアルカリ土類金属である。

問題7

カルシウムの性状として、正しいものはいくつあるか。

A： 橙赤色の炎を出して燃焼し、酸化カルシウム（生石灰）を発生する。

B： 比重は1未満である。

C： 水と反応して水素を発生する。

D： 水素と200℃以上で反応して水素化カルシウムを生じる。

E： ナトリウムに比べて反応性が高い。

(1) 1つ　　(2) 2つ　　(3) 3つ　　(4) 4つ　　(5) 5つ

問題8

リン化カルシウムの性状として、誤っているものはどれか。

(1) 比重は1を超える。

(2) 暗赤色の固体である。

(3) 水および弱酸と反応して有毒な気体であるリン化水素を発生する。

(4) 自然発火性が強く、乾燥した常温の空気中でも容易に発火する。

(5) 融点は1600℃以上である。

問題9

炭化カルシウムについて、次の文の（　　　）内のA～Dの語句のうち、誤っている個所はいくつあるか。

『炭化カルシウムは、純品では無色透明の結晶だが、一般には不純物を含んで(A：黄色)を呈するものが多い。水と作用して可燃性ガスであるアセチレンと水酸化カルシウムを生じつつ発熱する。このアセチレンの燃焼範囲は(B：狭く)、また、(C：アルミニウム)と反応して爆発性の物質を作る。その他、高温で炭化カルシウムと窒素と反応させると(D：酸化カルシウム)を生じる。』

(1) 1つ　(2) 2つ　(3) 3つ　(4) 4つ（すべて誤り）　(5) なし（すべて正しい）

問題10

トリクロロシランについて、次の文の（　　　）内のA～Dの語句のうち、誤っている個所はいくつあるか。

『トリクロロシランは、20℃、1気圧において(A：黄褐色)の液体である。引火点は(B：約40℃)である。また、燃焼範囲が(C：狭く、引火の危険性は低い)。しかし、水と反応して(D：塩化水素)を発生するので注意が必要である。』

(1) 1つ　　(2) 2つ　(3) 3つ　(4) 4つ（すべて誤り）　(5) なし（すべて正しい）

（解答・解説はp.249を参照）

問題1

危険物の類ごとの一般的性状として、正しいものはどれか。

(1) 第1類：酸化性の液体で、腐食性が強く蒸気は有毒である。

(2) 第2類：自然発火性と禁水性を有する固体または液体である。

(3) 第3類：着火しやすい可燃性の固体で、低温で引火するものもある。

(4) 第4類：引火性の液体で、その蒸気比重は1を超える。

(5) 第6類：酸化性の固体であり、加熱、摩擦、衝撃等により分解して酸素を放出する。

問題2

第5類の危険物（ただし、金属のアジ化物を除く。）の火災に共通して効果が期待できる消火法はどれか。

(1) ハロゲン化物消火剤を放射する。

(2) リン酸塩類の粉末消火剤を放射する。

(3) 炭酸水素塩類の粉末消火剤を放射する。

(4) 大量の水を放射する。

(5) 二酸化炭素消火剤を放射する。

問題3

過酸化ベンゾイルの貯蔵、取扱いについて、誤っているものはどれか。

(1) 直射日光を避ける。

(2) 水と反応するため、乾燥状態で貯蔵する。

(3) 衝撃や摩擦を与えないように注意する。

(4) 火気に近づけない。

(5) できるだけ少量で取り扱う。

問題4

第5類の危険物に共通する貯蔵および取扱方法について、誤っているものはどれか。

(1) 他の薬品類との接触を避ける。

(2) 通風のよい冷暗所に貯蔵する。

(3) 固体のものは、すべて乾燥状態を保つ。

(4) 加熱や火気を避ける。

(5) 衝撃や摩擦を与えないように注意する。

問題5

過酢酸の貯蔵、取扱いの方法として、適切ではないものはどれか。

(1) 熱源や火種との接触を避ける。

(2) 容器は密栓し、換気のよい冷暗所に貯蔵する。

(3) 安定剤として、アルカリ溶液と混合して貯蔵する。

(4) 異なる危険物が残存した容器を使わない。

(5) 加熱、摩擦、衝撃を避ける。

問題6

第5類の危険物の性状について、誤っているものはどれか。

(1) 燃焼速度が大きく、一般的には消火が困難である。

(2) 空気中に長期間放置すると、分解が進んで自然発火するものがある。

(3) 酸素を含有し、自己燃焼性を有するものが多い。

(4) 重金属と作用して爆発性の金属塩を形成するものがある。

(5) 加熱、衝撃、摩擦により発火する危険性は低い。

5
類

問題7

セルロイドの性状について、誤っているものはどれか。

(1) 100℃以下で軟化する。

(2) 一般に、粗製品ほど発火点が高い。

(3) 熱可塑性である。

（4）透明または半透明の固体である。

（5）アセトン、酢酸エチルなどに溶ける。

問題8

ニトロセルロースの性状等として、誤っているものはどれか。

（1）直射日光により分解して自然発火する恐れがある。

（2）硝化度（窒素含有量）の高いものほど危険性が高い。

（3）発火を防ぐため、乾燥状態で貯蔵する。

（4）有機溶剤に溶けるが、水には溶けない。

（5）綿状の固体である。

問題9

ジアゾジニトロフェノールの性状として、誤っているものはどれか。

（1）黄色の粉末である。

（2）加熱や衝撃を受けると爆発する。

（3）水に沈む。

（4）加熱すると分解して安定な物質に変化する。

（5）光を受けて変色する。

問題10

次のA〜Cに掲げる危険物の性状のすべてに該当するものはどれか。

A： 無色の油状物質である。

B： ダイナマイトの原料である。

C： 加熱や衝撃を加えると爆発的に燃焼する。

（1）ピクリン酸

（2）ニトロセルロース

（3）ニトログリセリン

（4）過酸化ベンゾイル

（5）トリニトロトルエン

第5類　模擬試験　第2回目

（解答・解説はp.251を参照）

問題1
第1類から第6類までの危険物の性状等について、誤っているものはどれか。

(1) 単独では不燃性のものがある。
(2) 同一の物質であっても、粒度や形状によって危険物になる場合とならない場合とがある。
(3) 保護液として、水、二硫化炭素の中に貯蔵するものがある。
(4) 水と反応して可燃性ガスを発生するものがある。
(5) 同一の類の危険物であっても、適応する消火方法が異なるものがある。

問題2
第5類の危険物の性状として、誤っているものはどれか。

(1) 一般に、燃焼速度が速い。
(2) 引火性がある物品が含まれる。
(3) 金属と作用して爆発性の金属塩を形成するものがある。
(4) 加熱、衝撃、摩擦により爆発するものが多い。
(5) 酸素を含有せずに、分解・爆発するものが多い。

問題3
第5類の危険物に共通する火災予防法として、誤っているものはどれか。

(1) 火気、加熱、衝撃を避ける。
(2) 通風のよい冷暗所に貯蔵する。
(3) 乾燥させることで、危険性が低下する。
(4) 自然発火の危険性が増すことがあるため、空気中での長期間の貯蔵は避けた方がよい。
(5) 分解しやすいものは、特に室温、湿気、通風に注意する。

5
類

問題4

過酸化ベンゾイルの性状として、誤っているものはどれか。

(1) 白色粒状で、無味無臭の固体である。

(2) 日光により分解が促進される。

(3) 水、有機溶剤に溶ける。

(4) 約100℃で分解して有毒な白煙を出す。

(5) 乾燥すると爆発の危険性が増す。

問題5

硝酸エステル類およびニトロ化合物に共通の性状等として、誤っているものはどれか。

(1) 水に溶けにくいものが多い。

(2) 比重は1より大きい。

(3) 分子内に酸素を含有する。

(4) 分子内に2個以上のニトロ基を持つ。

(5) 加熱、衝撃などにより爆発する危険性がある。

問題6

ニトログリセリンの性状として、正しいものはどれか。

(1) 水に溶けるが有機溶剤には溶けない。

(2) 20℃で凍結する。

(3) 凍結したものは、爆発の危険性が低下する。

(4) 比重は1より小さい。

(5) 水酸化ナトリウムのアルコール溶液で分解すると、非爆発性になる。

問題7

ピクリン酸とトリニトロトルエンに共通の性状として、誤っているものはどれか。

(1) 比重は1より大きい。

(2) ジエチルエーテルに溶ける。

(3) 分子内に3つのニトロ基を持つ。

(4) 爆薬の原料になる。

(5) 金属と作用して爆発性の金属塩になる。

問題8

次のうち、加熱すると有毒なシアンガスを生じる可能性があるものはどれか。

(1) ジニトロソペンタメチレンテトラミン

(2) アゾビスイソブチロニトリル

(3) 硫酸ヒドラジン

(4) アジ化ナトリウム

(5) 硝酸グアニジン

問題9

硫酸ヒドロキシルアミンの性状として、誤っているものはどれか。

(1) 水に溶けない。

(2) 毒性がある。

(3) 還元性が強い。

(4) 水溶液は酸性で、金属を腐食させる。

(5) 自己反応性がある。

問題10

アジ化ナトリウムの性状として、誤っているものはどれか。

(1) 無色の板状結晶である。

(2) 水に溶ける。

(3) 酸と作用して有毒で爆発性があるアジ化水素酸を生じる。

(4) 約300℃で分解して窒素と金属ナトリウムを生じる。

(5) 水があると、重金属と作用して安定なアジ化物を形成する。

問題1

危険物の類ごとの性状として、誤っているものはいくつあるか。

A： 第1類の危険物は燃焼速度が速い。

B： 第2類の危険物は、それ自体は不燃性の固体である。

C： 第3類の危険物は、すべて禁水性の物質である。

D： 第4類の危険物の蒸気は空気よりも重い。

E： 第6類の危険物は、強い酸化力を持つ強酸である。

（1）1つ　　（2）2つ　　（3）3つ　　（4）4つ　　（5）5つ

問題2

第5類の危険物の貯蔵および取扱いについて、適切でないものはどれか。

（1）直射日光を避けて、換気のよい冷暗所に貯蔵する。

（2）異なる類の危険物や、危険物以外の物品と一緒に貯蔵しない。

（3）分解が進む恐れがあるため、なるべく長期間の貯蔵は避ける。

（4）火災時の消火設備として、二酸化炭素などを放射する不活性ガス消火設備を設置する。

（5）摩擦や衝撃が加わらないようにする。

問題3

第5類の危険物の消火について、誤っているものはどれか。

（1）スプリンクラー消火設備で冷却消火する。

（2）燃焼速度が速く、危険物の量が多い場合は消火が極めて困難である。

（3）二酸化炭素消火剤による窒息消火は、効果が期待できない。

（4）反応が爆発的に進行するため、ハロゲン化物消火剤で抑制消火する。

（5）泡消火設備で冷却消火する。

問題4

　過酢酸の性状として、誤っているものはどれか。

(1) 刺激臭を有する無色の液体である。

(2) 有毒で、皮膚や粘膜をおかす。

(3) 水、エタノールに溶ける。

(4) 加熱すると約110℃で発火、爆発する。

(5) 引火性を有しない。

問題5

　エチルメチルケトンパーオキサイドの希釈剤として用いられるものはどれか。

(1) イソプロピルアルコール

(2) 水

(3) ジエチルエーテル

(4) 灯油

(5) ジメチルフタレート

問題6

　次のうち、硝酸エステル類に属する危険物はどれか。

(1) ニトログリセリン

(2) アゾビスイソブチロニトリル

(3) 硝酸グアニジン

(4) トリニトロトルエン

(5) ジアゾジニトロフェノール

5類

問題7

　ニトロセルロースによる火災に対する消火剤として、最も効果的なものはどれか。

(1) 二酸化炭素消火剤を放射する。

(2) 大量の水をかける。

(3) 泡消火剤を放射する。

（4）粉末消火剤を放射する。

（5）ハロゲン化物消火剤を放射する。

問題8

トリニトロトルエンの性状として、誤っているものはどれか。

（1）ニトロ化合物である。

（2）淡黄色の結晶である。

（3）ジエチルエーテル、アルコールに溶ける。

（4）金属と反応して爆発性の金属塩を作る。

（5）ピクリン酸に比べるとやや安定である。

問題9

ジニトロソペンタメチレンテトラミンの性状として、誤っているものはどれか。

（1）淡黄色の粉末である。

（2）比重は1より大きい。

（3）アルコール、アセトンによく溶ける。

（4）加熱すると分解し、窒素、アンモニアなどを生じる。

（5）強酸、有機物と接触すると発火・爆発の恐れがある。

問題10

ジアゾジニトロフェノールの性状として、正しいものはどれか。

（1）白色の粉末である。

（2）水に溶けるので、水溶液として貯蔵することがある。

（3）燃焼時に爆ごうを起こしやすい。

（4）アセトンに溶けない。

（5）比重は1より小さい。

（解答・解説はp.254を参照）

問題1

危険物の類ごとの一般的性状として、正しいものはどれか。

(1) 第1類：いずれも水によく溶ける固体または液体で、これらが紙などに染み込み、乾燥したものは爆発の危険性がある。

(2) 第2類：いずれも可燃性で固体の無機物質である。

(3) 第3類：水と反応して分解し、酸素を放出するものが多い。

(4) 第4類：いずれも炭素と水素からなる引火性の液体である。

(5) 第5類：いずれも可燃性の固体または液体で、引火性を示す物質も含まれる。

問題2

第6類の危険物のすべてに共通する貯蔵、取扱いの方法として、誤っているものはどれか。

(1) 必要に応じてガスマスクを着用するなど、蒸気を吸入しないように注意する。

(2) 衣類や皮膚に付着しないように保護をする。

(3) 通風、換気のよい場所で取り扱う。

(4) 容器に貯蔵する場合、通気孔を設けた容器を用いる。

(5) 酸化されやすい物品と同一の場所で貯蔵しない。

問題3

第6類の危険物に共通する、火災予防上最も注意すべき事項はどれか。

(1) 容器を密栓する。

(2) 空気との接触を避ける。

(3) 水との接触を避ける。

(4) 還元剤との接触を避ける。

(5) 湿度を低く保つ。

6
類

問題4
硝酸の貯蔵および取扱いについて、誤っているものはどれか。

(1) 皮膚等に触れないように注意する。

(2) 換気の良好な場所で取り扱う。

(3) 二硫化炭素、アミン類、ヒドラジン類とは離れた場所で貯蔵する。

(4) 貯蔵容器には銅製のものを用い容器は密栓する。

(5) 少量の硝酸が流出した場合には、ソーダ灰や消石灰などで中和する。

問題5
過塩素酸の貯蔵、取扱いの方法として、誤っているものはどれか。

(1) アルコールなどの可燃性有機物質と一緒に貯蔵しない。

(2) 容器は密栓し、乾燥した換気のよい冷所に貯蔵する。

(3) 漏洩した際には、ぼろ布やおがくずで吸収して処理する。

(4) 皮膚に触れないように注意する。

(5) 鋼製の容器に貯蔵しない。

問題6
第6類の危険物に共通した性状について、正しいものはどれか。

(1) 分解すると酸素を放出する。

(2) 比重は1よりも小さい。

(3) 不燃性である。

(4) 毒性はない。

(5) 摩擦、衝撃により爆発する。

問題7
硝酸の性状について、誤っているものはどれか。

(1) 強い酸化力を持つ。

(2) 金属粉との接触は危険である。

(3) 不燃性である。

(4) 空気中で黒色に発煙する。

(5) 皮膚に触れると、皮膚をおかす。

問題8

過酸化水素の貯蔵および取扱いについて、適切でないものはどれか。

(1) 分解して水素を放出するため、火気に十分注意する。

(2) 爆発の恐れがあるため、金属粉と接触させない。

(3) 容器には通気孔を設け、冷暗所に貯蔵する。

(4) 漏洩した場合、多量の水で洗い流す。

(5) 分解を抑制するため、アセトアニリド等の安定剤を加えて貯蔵する。

問題9

三フッ化臭素の性状として、誤っているものはどれか。

(1) 水と激しく反応して毒性が高いフッ化水素を生じる。

(2) 常温（20℃）では液体であるが、約9℃で固化する。

(3) それ自体が爆発性の物質である。

(4) ガラス容器への貯蔵が適さない。

(5) 多くの金属と反応する。

問題10

次の物質が過酸化水素と混合した時、爆発の危険性がないものはいくつあるか。

A： 鉄粉

B： アセトン

C： リン酸

D： 二酸化マンガン

E： 尿酸

(1) 1つ　　　(2) 2つ　　　(3) 3つ　　　(4) 4つ　　　(5) 5つ

6
類

（解答・解説はp.255を参照）

問題1

危険物の類ごとの一般的な性状等について、正しいものはどれか。

(1) 第1類の危険物は、いずれも分子内に酸素を含有し、自己燃焼する。

(2) 第2類の危険物は、いずれも着火または引火の危険性がある固体である。

(3) 第3類の危険物は、いずれも水と激しく反応する物質である。

(4) 第4類の危険物は、いずれも電気の良導体で静電気を蓄積しやすい。

(5) 第5類の危険物は、いずれも水に浮く固体で、燃焼速度が速い。

問題2

第6類の危険物に共通する性状として、誤っているものはどれか。

(1) 有機化合物である。

(2) 水と激しく反応するものがある。

(3) それ自体は不燃性である。

(4) 分子内に酸素を含まないものもある。

(5) 常温常圧（20℃、1気圧）で液体である。

問題3

第6類の危険物に共通する火災予防法として、最も重要な事項はどれか。

(1) 空気との接触を防ぐ。

(2) 湿気を防ぐ。

(3) 還元剤との接触を避ける。

(4) 第1類の危険物との接触を避ける。

(5) 水との接触を防ぐ。

問題4

過塩素酸の性状として、誤っているものはどれか。

(1) 水と接触すると発熱する。

(2) 空気中で強く発煙する。

(3) 褐色で粘性のある液体である。

(4) 銅、鉛などの金属を溶解する。

(5) 加熱すると爆発する恐れがある。

問題5

過塩素酸と接触しても発火または爆発の危険性がない物質はどれか。

(1) 紙

(2) リン化水素

(3) 硫黄

(4) 二硫化炭素

(5) 二酸化炭素

問題6

過酸化水素の性状として、次のうち誤っているものはどれか。

(1) 水、アルコールには溶けるが、ベンゼンには溶けない。

(2) 純度が高いものは、無色で粘性がある液体である。

(3) 過酸化水素の濃度30％の水溶液は、傷口の消毒に用いられる。

(4) 金属粉と接触すると発火する恐れがある。

(5) 貯蔵容器には通気性を持たせる。

問題7

過酸化水素を貯蔵する際の安定剤として用いられるものは次のうちどれか。

(1) 尿酸

(2) アルミニウム粉

(3) 黄リン

(4) アセトン

6
類

(5) ピリジン

問題8
硝酸の性状として、誤っているものはいくつあるか。

A： 流出時は、多量のおがくずで吸収させる。

B： 鉄、ニッケル、アルミニウムは、濃硝酸には激しく侵されるが、希硝酸には不動態を作り侵されない。

C： 濃塩酸と濃硝酸とを3：1の体積比で混合したものは、金および白金を溶かす。

D： 強い酸化力を有するため、硝酸の90％水溶液は第6類危険物の確認試験の標準物質に定められている。

E： 加熱や直射日光により、酸素と二酸化窒素を生じ、黄褐色に変色する。

(1) 1つ　　(2) 2つ　　(3) 3つ　　(4) 4つ　　(5) 5つ

問題9
硝酸の貯蔵・取扱いについて、誤っているものはどれか。

(1) 直射日光を避ける。

(2) 換気のよい冷暗所に貯蔵する。

(3) 流出時は、土砂などで拡散を防止し、ソーダ灰や消石灰で中和処理をする。

(4) 消火時には、有毒ガスを生じるため、防毒マスクなどの保護具を着用する。

(5) 容器の破損を防ぐため、容器には通気性を持たせる。

問題10
ハロゲン間化合物の一般的な性状として、誤っているものはどれか。

(1) 一般に、多くのフッ素原子を含むものほど反応性が高い。

(2) 強い還元性を有し、多くの金属酸化物や非金属酸化物を還元する。

(3) ガラス容器を腐食させる。

(4) 無色の液体である。

(5) 水と反応して毒性の強いフッ化水素を生じる。

（解答・解説はp.257を参照）

問題1

第1類から第6類の危険物の性状について、正しいものはどれか。

(1) 酸素と混合した場合、すべての危険物は、燃焼性がある。

(2) すべての危険物は、分子内に水素、炭素、酸素のいずれかを含む。

(3) 危険物は、常温常圧（20℃、1気圧）において、液体または固体である。

(4) すべての危険物に、引火点がある。

(5) 20℃、1気圧で引火するものは、すべていずれかの類の危険物に属する。

問題2

第6類の危険物に共通する火災予防法として、最も注意すべき事項はどれか。

(1) 可燃物との接触を避ける。

(2) 空気との接触を避ける。

(3) 容器に通気性を持たせる。

(4) 貯蔵・取扱う場所の温度を一定に保つ。

(5) 貯蔵・取扱う場所の湿度を一定に保つ。

問題3

第6類の危険物のすべてに有効な消火方法として、正しいものはどれか。

(1) 棒状の強化液消火剤を放射する。

(2) 泡消火剤を放射する。

(3) 膨張真珠岩（パーライト）で覆う。

(4) 二酸化炭素消火剤を放射する。

(5) 霧状の水をかける。

問題4

過塩素酸にかかわる火災の初期消火法として、適切な組み合わせはどれか。

A： ハロゲン化物消火剤を放射する。

B： 二酸化炭素消火剤を放射する。

C： 水をかける。

D： 泡消火剤を放射する。

E： 強化液消火剤を放射する。

(1) A、B、C　　(2) B、C、D　　(3) C、D、E　　(4) A、D、E　　(5) B、D、E

問題5

過塩素酸の性状として、誤っているものはどれか。

(1) 比重は1を超える。

(2) 無色の発煙性液体である。

(3) 不安定な物質のため、長期間保存すると分解が進行し、爆発する危険性がある。

(4) 皮膚への腐食性はないが、燃焼ガスは有害である。

(5) おがくず、ぼろきれなどと接触すると自然発火する恐れがある。

問題6

過酸化水素の貯蔵および取扱い方法として、適切なものはいくつあるか。

A： 可燃性物質との接触を避ける。

B： アンモニアとの接触を避ける。

C： 還元性物質との接触を避ける。

D： 容器を密栓する。

E： 水による希釈をしてはならない。

(1) 1つ　　(2) 2つ　　(3) 3つ　　(4) 4つ　　(5) 5つ

問題7

硝酸が流出した際の処理方法として、適切でないものはどれか。

(1) 多量のおがくずに吸収させる。

(2) 水をかけて希釈し、流す。

(3) 乾燥砂をかけて吸収させる。

(4) ソーダ灰で中和して、水で流す。

(5) 強化液消火剤を放射して、水で流す。

問題8

発煙硝酸の性状として、誤っているものはどれか。

(1) 赤褐色の液体である。

(2) 酸化力は硝酸よりは低い。

(3) 加熱や直射日光により分解して二酸化窒素などの有害ガスを生じる。

(4) 可燃物と接触すると発火する恐れがある。

(5) 皮膚に触れると薬傷を起こす。

問題9

ハロゲン間化合物による火災に対して、最も適切な消火法はどれか。

(1) 棒状の水を放射する。

(2) 水溶性液体用泡消火剤を放射する。

(3) 霧状の強化液を放射する。

(4) 乾燥砂で覆う。

(5) 二酸化炭素消火剤を放射する。

問題10

三フッ化臭素の性状として、誤っているものはどれか。

(1) 無色の液体である。

(2) 比重は1を超える。

(3) 約9℃未満では固体である。

(4) 水と激しく反応して有毒ガスを生じる。

(5) 金属とは反応しない。

問題1

解答（4）

　第5類には固体のものと液体のものがあります。また、硝酸メチル、硝酸エチルなど、引火性を有するものもあります。（4）以外が正しくない理由は（1）第2類の引火性固体等は有機物です。（2）分子内に酸素を含みません。（3）二硫化炭素（CS_2）のように、炭素と水素の化合物ではないものもあります。また、ガソリン、軽油、灯油、重油などのように、混合物もあります。（5）第6類は酸化性<u>液体</u>です。

問題2

解答（2）

　第1類の危険物の貯蔵容器に通気性を持たせることはありません。密栓して、換気の良い冷暗所に貯蔵します。

問題3

解答（2）

　第1類の危険物の消火は、基本的には注水による消火が適します。ただし、アルカリ金属の無機過酸化物は、水と反応して酸素を放出するため、水系の消火剤を使用できません。（1）と（5）塩素酸塩類、過塩素酸塩類、過マンガン酸塩類は水による消火が適します。（3）第1類の火災の消火にハロゲン化物消火剤は適しません。（4）第1類は酸化剤のため、二酸化炭素消火剤で外部との空気との接触を防ぐ窒息消火は効果がありません。

問題4

解答（5）

　第1類の消火方法の基本は注水ですが、過酸化カリウムなどのアルカリ金属の無機過酸化物等は水と反応して酸素を出すため水系の消火剤が使用できません。よって、（2）、（3）、（4）は使用できません。また、酸化性固体のため窒息消火である（1）は効果がありません。

問題5

解答（3）

　第1類は、それ自体は不燃性です。

問題6
解答（5）

　酸との混合で、爆発性でかつ毒性がある二酸化塩素を発生します。この物品に限らず第1類の危険物に安定剤として"酸"を混合するものはありません。

問題7
解答（4）

　(4) 硫黄は可燃物ですので、第1類（酸化性固体）との混合により爆発の危険性が増します。

問題8
解答（1）

　硝酸アンモニウムが水に溶ける際は吸熱します。

問題9
解答（1）

　加熱すると分解して酸素を発生します。塩素は生じません。

問題10
解答（3）

　炭酸ナトリウム過酸化水素付加物は強い酸化剤で金属とも反応するため、金属製の容器を用いるのは誤りです。

解答・解説　第1類　模擬試験　第2回目
（問題はp.190を参照）

解答・解説

1類

問題1
解答（1）

　第2類は「可燃性固体」です。分子内に酸素を持ち自己燃焼するのは第5類「自己反応性物質」です。

問題2
解答（4）

　第1類の危険物は、いずれも分子内に酸素を含みますが、窒素を含まないものも多数あります。

問題3
解答（5）

　湿度が高い場所での貯蔵は適しません。特に、第1類のアルカリ金属の過酸

化物は、水と反応して分解するので危険です。

問題4

塩素酸塩類に限らず、第1類は「酸化性」の物質です。

問題5

解答（4）

過塩素酸カリウムは、塩素酸カリウムに比べると危険性がやや低いです。

問題6

解答（2）

第1類の危険物の比重が問われた場合、「1を超える」と理解しておけば問題ありません。この問題は、分解する温度や融点が出てくるため、一見すると難しいと思いがちですが、実は「第1類の比重は1を超える」という共通の特性を知っていれば容易に正答できる問題です。つまり、個々の物品の融点や分解温度を知らなくても、共通の特性をしっかり押さえておけば、多くの場合は正答できます。

問題7

解答（3）

水に溶けたからといって、酸化作用がなくなる訳ではありません。

問題8

解答（2）

水に溶けますが、その際は発熱ではなく吸熱します。

問題9

解答（3）

過マンガン酸カリウムは、赤紫色で金属光沢がある結晶です。過マンガン酸塩類は色があることを押さえておきましょう。そのほか、第1類で色付きの物品を知っておくとよいでしょう（p.49参照）。

問題10

解答（5）

三酸化クロムは暗赤色の針状結晶です。問題9と同じように、第1類で色がある物品を知っておくとよいでしょう（その他は無色か白の固体と理解しておけばよい）。

解答・解説　第1類　模擬試験　第3回目

（問題はp.193を参照）

問題1
解答（5）

消防法上の危険物は、常温常圧（20℃、1気圧）で固体か液体です。気体は含まれません。

問題2
解答（4）

アルカリ金属の無機過酸化物は水と反応して分解し、酸素を放出します。そのため、水で消火できません。そのため、乾燥砂あるいは炭酸水素塩類を主成分とする粉末消火剤などを利用します。つまり、炭酸水素塩類との接触は危険ではありません。

問題3
解答（1）

無機過酸化物（特に、アルカリ金属の無機過酸化物）は水による消火が適しませんが、それ以外の第1類の危険物は、注水によって分解温度以下まで冷却するのが最も効果がある消火法です。乾燥砂と粉末消火剤も使えますが、注水ほどの効果は期待できません。

問題4
解答（2）

塩素酸ナトリウムは、アルコールに溶けます。

問題5
解答（1）

過塩素酸カリウムには潮解性はありません。○○カリウムとよばれる物品で潮解性があるのは「過酸化カリウム」だけと理解しておくとよいでしょう。

問題6
解答（4）

アルカリ金属の無機過酸化物は、水との接触は不可です。よって、（1）〜（3）は適しません。また、（5）ハロゲン化物消火剤は第1類全般に適しません。

解答・解説

1
類

問題7 解答（4）

　第1類で色がある物品を知っておけば正答できる問題です（ちなみに、硝酸塩類はすべて無色の結晶か粉末です）。それ以外が正しくない理由は次の通りです。（1）潮解性はありません（○○カリウムとよばれる物品で潮解性があるのは「過酸化カリウム」だけと理解しておくとよいでしょう）。（2）水によく溶けます。（3）比重は1より大きい（第1類の比重はすべて1より大きいと理解して問題ありません）。（5）分解して酸素を生じます。

問題8 解答（2）

　第1類の物品はすべて比重が1より大きいと理解しておけば正答できます。実は、この物品の細かい性状（水に溶けるかどうか、色など）を知らなくても正答できます。（2）以外が正しくない理由は次の通りです。

　（1）水によく溶けます。（3）分解して酸素を発生します。（4）第1類で保護液中に貯蔵する物品はありません。（5）無色の結晶です。

問題9 解答（1）

　重クロム酸アンモニウムは、橙黄色の結晶です。

問題10 解答（1）

　二酸化鉛には強い毒性があります。

解答・解説　第2類　模擬試験　第1回目

（問題はp.196を参照）

問題1 解答（5）

　第6類の危険物はそれ自体は不燃物です。強い酸化力があり、有機物を酸化します。

問題2 解答（2）

　水による消火が適するのは硫黄と赤リンです。それ以外が適さない理由は次の通りです。

硫化リン：水をかけると有毒で可燃性の硫化水素（H_2S）を発生する恐れがある。

鉄粉、アルミニウム粉、亜鉛粉：水と反応して発熱したり水素を放出する。

問題3　　　　　　　　　　　　　　　　　　　　　　　　　　　解答（2）

金属粉（アルミニウム粉、亜鉛粉）、マグネシウムなど、水と反応する物品はありますが、発生するのは水素です。水と反応してアセチレンを生じるのは、第3類の炭化カルシウムです。

問題4　　　　　　　　　　　　　　　　　　　　　　　　　　　解答（2）

A、Dの2つが正しくありません。

A：加湿すると静電気の発生は抑えられますが、金属粉は水と反応するため危険性が増します。

D：粒径が小さいほど着火しやすいです。

問題5　　　　　　　　　　　　　　　　　　　　　　　　　　　解答（3）

A、C、Dが誤っています。

A：容器は密栓します（第2類に容器に通気性を持たせる物品はありません）。

C：第2類は可燃物のため、酸化性物質との混合は危険です。

D：水と反応して硫化水素（H_2S）を発生する危険性あります。

問題6　　　　　　　　　　　　　　　　　　　　　　　　　　　解答（5）

五硫化リンは水と作用して硫化水素（H_2S）を発生します。

問題7　　　　　　　　　　　　　　　　　　　　　　　　　　　解答（3）

硫黄自体は無臭です。

問題8　　　　　　　　　　　　　　　　　　　　　　　　　　　解答（1）

硫黄（S）は燃焼すると人体に有毒な二酸化硫黄を生じます。分子内に（S）を含む物品は、基本的に燃焼すると二酸化硫黄を生じます。

問題9　　　　　　　　　　　　　　　　　　　　　　　　　　　解答（2）

赤リンは、水にも有機溶剤にも溶けません。燃焼して生じるリン酸化物は有

毒です。

問題10　　　　　　　　　　　　　　　　　　　　　　　　解答 (2)

　アルミニウム粉は、酸、アルカリ、水と反応して水素を生じます。水と反応して酸素を発生するのは、第1類のアルカリ金属の無機過酸化物などです。

解答・解説　第2類　模擬試験　第2回目
（問題はp.200を参照）

問題1　　　　　　　　　　　　　　　　　　　　　　　　　解答 (2)

　第3類の多くは、自然発火性と禁水性の両方の性質を持っています（ちなみに、黄リンは自然発火性のみ、塊状のリチウムは禁水性のみです）。それ以外の記述が正しくない理由は次の通りです。(1) 第1類は自己燃焼しません。(3) 主成分は炭素 (C) と水素 (H) で、そのほかに酸素 (O)、硫黄 (S) などを含むものがあります。また、ガソリンなどの混合物もあります。(4) 第5類は固体と液体の両方があります。(5) 第6類はすべて液体です。

問題2　　　　　　　　　　　　　　　　　　　　　　　　　解答 (1)

　第2類の危険物は、一般的に比重が1より大きく、水に溶けません。

問題3　　　　　　　　　　　　　　　　　　　　　　　　　解答 (4)

　硫黄は、保護液中に貯蔵しません。そもそも、二硫化炭素（第4類の特殊引火物）自体、引火を防ぐために水中に沈めて貯蔵されます。二硫化炭素が何らかの危険物の保護液になることはありません。

問題4　　　　　　　　　　　　　　　　　　　　　　　　　解答 (3)

　硫化リンは、三硫化リン、五硫化リン、七硫化リンの順に比重が大きくなり、融点も高くなることを覚えておきましょう。また、硫化リンは水や熱水と作用して分解し、有毒で可燃性の硫化水素を発生します（三硫化リンのみ、冷水とは反応しません）。いずれも、黄色または淡黄色の結晶です。

問題5　解答 (4)

赤リンは水と反応しません。それ以外の記述はすべて正しいです。

問題6　解答 (3)

硫黄は、エタノール、ジエチルエーテル、ベンゼンにはわずかにしか溶けません。

問題7　解答 (5)

鉄粉、金属粉、マグネシウムなどは、水との接触は禁止のため、乾燥砂など（乾燥砂、膨張真珠岩、膨張ひる石など）で窒息消火するのが最も効果があります。

問題8　解答 (5)

アルミニウム粉の比重は2.7で、水に沈みます。軽金属（比重4程度以下）であることで、比重が1未満だと勘違いしないように注意しましょう。

問題9　解答 (5)

マグネシウムに限らず、粉末状のものは、粒径（粒の大きさ）が小さいほど、酸化剤との接触面積が増え、燃焼しやすくなります。さらに、粉末の場合、粉じん爆発もしやすくなります。

問題10　解答 (3)

引火性固体は、火気により引火しやすい固体ですが、通常、衝撃等で発火はしません。衝撃等で発火、爆発するのは、主に第5類（自己反応性物質）です。

解答・解説

2類

解答・解説　第2類　模擬試験　第3回目

（問題はp.203を参照）

問題1
解答（3）

（1）第1類と第6類は、単独では燃焼しません。（2）第1類は不燃性です。
（4）第3類の多くは比重が1を超えますが、リチウム、カリウムなど、比重が1
未満のものがあります。一方、第4類の多くは、比重が1未満です。（5）第6類
は自己燃焼しません。

問題2
解答（5）

五硫化リンは、水と徐々に反応して有毒で可燃性の硫化水素（H_2S）を生じま
す。

問題3
解答（4）

赤リンおよび硫黄は、空気中で自然発火性があるわけではないので、空気と
の接触を避ける必要はありません。ちなみに、第3類の黄リンは、自然発火性
が強いため、空気と接触させないように水没貯蔵をします。赤リンと黄リンを
勘違いしないようにしましょう。

問題4
解答（2）

（1）硫化リンは、水による消火効果は期待できますが、水と作用して有毒で
可燃性の硫化水素（H_2S）を出しますので、水による消火は適しません。（3）〜（5）
はいずれも水と作用して水素を発生する恐れがあるので、水系の消火剤は使用
できません。

問題5
解答（2）

水に容易に溶けるわけではありません。ただし、五硫化リンは、水に溶ける
のではなく、水と反応して徐々に分解します。（4）（5）については、硫化リン
の比重、沸点、融点は、すべて「三硫化リン＜五硫化リン＜七硫化リンの順に、
大きくなる（きれいに並んでいる）」ことを覚えておくと、容易に判断できるで
しょう。

問題6　　　　　　　　　　　　　　　　　　　　　　　　解答（4）

　赤リンは、水にも二硫化炭素にも溶けません。（1）赤リンと黄リン（第3類）は同素体です。（2）について、黄リンは臭気と強い毒性を持ちますが、赤リンにはそれがありません。両者を混乱しないようにしましょう。

問題7　　　　　　　　　　　　　　　　　　　　　　　　解答（1）

　硫黄は、水によって消火するのが最も効果があります。その際、融点が低い硫黄が流出する可能性があるため、土砂を用いるのが有効です。

問題8　　　　　　　　　　　　　　　　　　　　　　　　解答（3）

　金属粉は水と反応して水素を発生しますので、水系の消火剤は使用できません。よって、（1）、（5）は適しません。また、ハロゲンとも反応するため（2）も使えません。金属粉は、乾燥砂など（乾燥砂、膨張ひる石、膨張真珠岩）で覆うのが最も効果があります。よって、（3）が最も適切です。（4）は、屋外で掘った土砂は、通常水分を含んでいますので（水分を含んでいない乾燥した土砂であるとは限らないので）、適しません。

問題9　　　　　　　　　　　　　　　　　　　　　　　　解答（3）

　表面に酸化被膜が形成した方が、酸素との反応がしにくくなるので、酸化しにくくなります。（5）の製造直後のマグネシウムが発火しやすいのも同じ理由で、酸化被膜が形成されていないからです。

問題10　　　　　　　　　　　　　　　　　　　　　　　解答（2）

　固形アルコールは、常温でも可燃性蒸気を出します。そもそも、引火性固体は引火点40℃未満のものを指しますが、固形アルコール、ゴムのり、ラッカーパテのいずれも、常温（20℃）で可燃性蒸気を出すと理解しておきましょう。

問題1

　A、D、Eが誤りです。A：第1類（酸化性固体）は、それ自体は不燃性です。D：第5類（自己反応性物質）は可燃性です。E：第6類（酸化性液体）は、それ自体は不燃性です。

問題2

　第3類の「すべて」に適用可能なのは、乾燥砂です。

問題3

　第3類の危険物は、自然発火性と禁水性を示すため、保護液に貯蔵する目的は、水や空気との接触を防ぐためです。

問題4

　A、Cが正しい記述です。

　B：水と反応して水素を生じます。D：効果が期待できません。E：カリウムはハロゲン元素と激しく反応するため危険です。

問題5

　C、Eが正しいです。

　A：黄リンは自然発火を防ぐために保護液として水の中で貯蔵します。B：ジエチル亜鉛は水と激しく反応するため水との接触は厳禁です。窒素などの不活性ガスを封入した容器で貯蔵します。D：炭化カルシウムは水と反応するため、水との接触は厳禁です。E：水素化リチウムはジエチル亜鉛と同様に不活性ガスを封入した容器で貯蔵します。

問題6

　黄リンは猛毒を有します。それ以外は正しい記述です。

問題7　　　　　　　　　　　　　　　　　　　　　　　　解答（4）

A、B、C、Eが誤りです。

A： 暗赤色の塊状固体または粉末です。

B： 水や湿気と反応します。乾燥した場所の方が安全性が高いです。

C： 水と反応してリン化水素を出します。加熱ではありません。

E： 水分と接触すると可燃性で有毒なリン化水素（ホスフィン）を生じます。

問題8　　　　　　　　　　　　　　　　　　　　　　　　解答（5）

カリウムは、赤紫色の炎色反応を起こして燃えます。黄色の炎色反応を示すのはナトリウムです。

問題9　　　　　　　　　　　　　　　　　　　　　　　　解答（1）

炭化カルシウムは、水と反応してアセチレンと水酸化カルシウムと熱を生じます。

問題10　　　　　　　　　　　　　　　　　　　　　　　解答（4）

トリクロロシランの消火には、乾燥砂等（乾燥砂、膨張ひる石、膨張真珠岩）で窒息消火を行うのが適切です。

解答・解説　第3類　模擬試験　第2回目
（問題はp.209を参照）

問題1　　　　　　　　　　　　　　　　　　　　　　　　解答（1）

（1）第1類、第6類など、それ自体は不燃性のものが含まれます。（2）たとえば水素、液化石油ガスなどは、20℃で引火しますが、常温常圧で気体のため、消防法上の危険物には該当しません。（3）カリウム、ナトリウム、鉄粉、金属粉など、分子内に炭素、水素、酸素を含まないものもあります。（4）ガソリン、灯油、軽油など、さまざまな種類の化合物が混ざっている「混合物」もあります。（5）同じ類でも、適応する消火剤や消火方法が異なる場合があります。

解答・解説

問題2   解答 (2)

第3類の禁水性物質は、水と反応して「可燃性ガス」を出しますが、発生するガスは水素だけではありません。物品によっては、メタン、エタン、アセチレン、リン化水素などの可燃性ガスを出します。

問題3   解答 (1)

カリウムに限らず、保護液中に貯蔵する物品は、保護液中に完全に沈めて貯蔵します。一部を露出させると、空気との接触などによる危険性が生じます。

問題4   解答 (5)

カリウムなどのアルカリ金属は、一価の「陽イオン」になりやすいです。

問題5   解答 (5)

アルキル基の炭素数が少ないものほど発火の危険性が高いです。

問題6   解答 (5)

水中に貯蔵することは正しいですが、水とは反応しません。(1) ～ (4) は、すべて正しい記述です。黄リンは毒性が強く、また、融点と発火点が低く、流動や発火の危険性が高いのが特徴です。そのため、水中に貯蔵します。

問題7   解答 (1)

(1) 以外が正しくない理由は次の通りです。(2) リチウムの融点は180.5℃です。リチウムの融点を覚える必要はありませんが、第3類の固体で融点が100℃未満のものとして、カリウム (63.2℃)、ナトリウム (97.8℃)、黄リン (44℃) を覚えておくとよいでしょう。(3) リチウムは、ハロゲンと反応します。(4) 反応性は、カリウム>ナトリウム>リチウムの順に低くなります。(5) リチウムは深赤色の炎色反応を示します。黄色の炎色反応を示すのはナトリウムです。

問題8   解答 (1)

ジエチル亜鉛は、空気や水と反応して分解し、エタンなどの可燃性ガスを生じることで燃焼します。また、ハロゲン系消火剤と反応して有毒ガスを発生するため、使用できません。

問題9　　　　　　　　　　　　　　　　　　　　　　　　　解答（4）

　水素化ナトリウムは、灰色の結晶です。第3類で液体のものは「アルキルアルミニウム（一部は固体）、ノルマルブチルリチウム、ジエチル亜鉛、トリクロロシラン」です。それ以外は固体と理解しておきましょう。ちなみに、水素化ナトリウムの比重は1を超えますが、水素化リチウムの比重は1未満であることにも注意しましょう。『リチウムと名の付く危険物の比重は1未満』と覚えてもよいでしょう。

問題10　　　　　　　　　　　　　　　　　　　　　　　　　解答（2）

　炭化カルシウムは、水と反応してアセチレンガス（C_2H_2）を生じます。アセチレンの比重は空気よりも小さく、空気よりも軽いです。気体の比重は、分子量の比でも表すことができます。空気の分子量は約29（g/mol）です。アセチレン（C_2H_2）は、原子量12の炭素Cと原子量1の水素Hが2個ずつなので、12×2＋1×2＝26（g/mol）になります。つまり、比重は26／29≒0.9です。ただし、物理・化学が科目免除されている試験で、分子量の計算が必要なわけではありません。第3類で水などと反応して発生する可燃性ガスは、『水素、メタン、エタン、ブタン、アセチレン、リン化水素（ホスフィン）』などですが、この中で空気よりも分子量が大きい（比重が1を超える）のは、エタン・ブタン・リン化水素だけです。

解答・解説　第3類　模擬試験　第3回目

（問題はp.213を参照）

問題1　　　　　　　　　　　　　　　　　　　　　　　　　　解答（3）

　第4類は引火性の液体であり、蒸発して空気と混合したものに引火すると、爆発的に燃焼する危険性があります。それ以外が正しくない理由は次の通りです。(1) 第1類は不燃性です。分解して酸素を出します。(2) 第2類には引火性固体などの引火性を有する物品も含まれます。(4)第5類は自己反応性物質です。すべてが自然発火性を有するわけではありません。(5)第6類は酸化性の液体です。固体ではありません。

問題2 解答 (3)

第3類の保護液に用いられるのは、多くは石油ですが、黄リンのみ「水」です。

問題3 解答 (2)

第3類の危険物に、二酸化炭素およびハロゲン化物による消火は効果がありません（ハロゲンと反応して有毒ガスなどを出すものも多い）。(1) 注水は、黄リン以外には適しません。(3) 効果の大小はありますが、第3類のすべての物品に、乾燥砂、膨張ひる石（バーミキュライト）、膨張真珠岩（パーライト）は使用できます（水やハロゲン化物のように、それを使用することよって危険性が増大するような物品はありません）。(4) ちなみに、リン酸塩類を主成分とする粉末消火剤は使用できません。(5) 具体的には、自然発火性のみを有する物品は、黄リンが該当します。黄リンは、水系の消火剤は適応します。

問題4 解答 (5)

ナトリウムの炎色反応は黄色です。紫色を呈するのはカリウムです。

問題5 解答 (5)

ノルマルブチルリチウムの希釈溶媒に適するのは、ヘキサン、ベンゼンです（アルキルアルミニウムも同じです）。

問題6 解答 (3)

設問の中で、すべての物品に該当するのは (3) です。黄リンは水が保護液、カリウムは灯油などが保護液、アルキルアルミニウムは不活性ガス中で貯蔵します。

問題7 解答 (3)

A、C、Dが正しい記述です。B：カルシウムの比重は1.6です。E：カルシウムはアルカリ土類金属なので、カリウム、ナトリウム、リチウムなどのアルカリ金属に比べると反応性が低いです。

問題8
解答（4）

リン化カルシウムは水などと作用して、有毒、悪臭、可燃性のリン化水素（ホスフィン）を生じ、燃焼します。自然発火性の物質ではないため、湿気がない乾燥した大気中では自然発火しません。大気中で容易に自然発火するような物品は、保護液に浸されるか、窒素などの不活性ガスを充てんしなければ貯蔵できません。

問題9
解答（4）

すべて誤りです。A：灰色を呈します。黄色を呈するのは炭化アルミニウムです。B：アセチレンの燃焼範囲は広いのが特徴です。C：アルミニウムではなく、銅、銀、水銀です。D：酸化カルシウムではなく、石灰窒素が生じます。

問題10
解答（3）

A、B、Cが誤りです。A：無色の液体です。B：引火点－14℃です。C：燃焼範囲も極めて広く、引火の危険性が高い物品です。

解答・解説　第5類　模擬試験　第1回目
（問題はp.216を参照）

問題1
解答（4）

（1）は第6類（酸化性液体）の説明です。（2）は第3類（自然発火性物質および禁水性物質）の説明です。（3）は第2類（可燃性固体）の説明です。（5）は第1類（酸化性固体）の説明です。

問題2
解答（4）

第5類では、金属のアジ化物（アジ化ナトリウム）のみ禁水性の物質です。それ以外は大量の水による消火が適します。第5類は自己反応性物質のため、窒息消火は効果がありません。抑制消火も効果が期待できません。

問題3
解答（2）

過酸化ベンゾイルは、乾燥状態で扱うと爆発の危険性が高くなります。

問題4

解答 (3)

たとえば、ニトロセルロースは水で湿綿にして貯蔵します。過酸化ベンゾイルは、乾燥状態の方が、危険性が高くなります。よって、(3) が誤りです。

問題5

解答 (3)

過酢酸の市販品は、不揮発性溶媒による溶液となっていますが、「アルカリ溶液との混合」は正しくありません。

問題6

解答 (5)

第5類は自己反応性物質であり、共通して加熱、衝撃、摩擦により発火する危険性は高いです。

問題7

解答 (2)

セルロイドは、粗製品ほど自然発火しやすいです。設問(2)の「発火点が高い」とは、より発火しにくいという意味のため誤りです。

問題8

解答 (3)

ニトロセルロースは、乾燥状態では危険のため、エタノールや水などで湿綿にして貯蔵します。

問題9

解答 (4)

ジアゾニトロフェノールに限らず、第5類の危険物は加熱すると分解して激しく燃焼します。安定化するものはありません。

問題10

解答 (3)

A 〜 Bに該当するのはニトログリセリンです。以下の通り、(3) 以外はすべて固体です。
(1) ピクリン酸は黄色の結晶です。
(2) ニトロセルロースは綿状の固体です。
(4) 過酸化ベンゾイルは白色の固体です。
(5) トリニトロトルエンは淡黄色の結晶です。

解答・解説　第5類　模擬試験　第2回目

（問題はp.219を参照）

問題1
解答（3）

極めて引火・発火しやすい二硫化炭素（第4類、特殊引火物）は、保護液には用いられません。

問題2
解答（5）

第5類は、分子内に酸素を含有し、分解・爆発する危険性があります。

問題3
解答（3）

乾燥させることで、危険性が低下することはありません。

問題4
解答（3）

有機溶剤には溶けますが、水には溶けません。

問題5
解答（4）

分子内に2個以上のニトロ基（NO_2）を持つのは、ニトロ化合物です。

問題6
解答（5）

（5）以外が正しくない理由は次の通りです。（1）有機溶剤に溶けますが、水には溶けません。（2）8℃で凍結します。（3）凍結すると爆発の危険性が増します。（4）比重は1より大きいです。

問題7
解答（5）

ピクリン酸は金属と作用して爆発性の金属塩を作りますが、トリニトロトルエンは金属と作用しません。

問題8
解答（2）

加熱するとシアンガスを生じるものは、アゾビスイソブチロニトリルだけですので、覚えておくとよいでしょう。

問題9 解答（1）

硫酸ヒドロキシルアミンは、水に溶けます。

問題10 解答（5）

アジ化ナトリウムは、水があると、重金属と作用して極めて鋭敏（不安定）なアジ化物を形成します。

解答・解説　第5類　模擬試験　第3回目

（問題はp.222を参照）

問題1 解答（4）

D以外は正しくありません。理由は次の通りです。

A：第1類は、それ自体不燃性です。B：第2類（可燃性固体）は可燃性の危険物です。C：第3類の黄リンは禁水性ではありません。E：第6類は強い酸化力を持つ液体ですが、「強酸」ではありません。

問題2 解答（4）

第5類は、分子内に酸素を含有し自己燃焼するため、不活性ガスによる窒息消火は効果がありません。

問題3 解答（4）

第5類の危険物の消火の基本は冷却消火です。そのため水系の消火剤が適します（ただし、ナトリウムを放出するアジ化ナトリウムは、注水禁止です）。ハロゲン化物、不活性ガス、粉末消火剤は効果が期待できません。なお、反応が爆発的なため、量が多いと消火が困難になります。

問題4 解答（5）

過酢酸の引火点は41℃であり、引火性がある物品です。

問題5 解答（5）

ジメチルフタレート（フタル酸ジメチル）は、エチルメチルケトンパーオキ

サイドの希釈剤として用いられます。

問題6
解答（1）

　硝酸エステル類は、「硝酸メチル」「硝酸エチル」「ニトログリセリン」「ニトロセルロース」です。特に、ニトログリセリンとニトロセルロースを、ニトロ化合物だと勘違いしないように注意しましょう。

問題7
解答（2）

　ニトロセルロースをはじめ、第5類の多くは水による冷却消火が適します。泡消火剤も水系の消火剤ですが、冷却効果が大きいのは大量の水をかけることです。

問題8
解答（4）

　トリニトロトルエンは、金属とは反応しません。金属と反応して爆発性の金属塩を作るのは、ピクリン酸です。

問題9
解答（3）

　ジニトロソペンタメチレンテトラミンは、アルコール、アセトンにわずかに溶けますが、よく溶けるわけではありません。

問題10
解答（3）

　ジアゾジニトロフェノールは、爆ごうを起こしやすい物品です。それ以外が正しくない理由は次の通りです。（1）黄色の粉末です。（2）水には溶けません。ただし、爆発を防ぐために、水中や水とアルコールの混合液中に貯蔵します（溶けるわけではありません）。（4）アセトンに溶けます。（5）比重は1を超えます（第5類で比重が1未満のものはないと理解しましょう）。

解答・解説

5類

解答・解説　第6類　模擬試験　第1回目

（問題はp.225を参照）

問題1
解答（5）

　第5類は固体と液体があります。自己反応性物質であるため、それ自体も可燃性です。それ以外が正しくない理由は次の通りです。

　（1）第1類に液体のものはありません。（2）引火性固体のように有機物質もあります。（3）水と反応して酸素を出すのは第1類の無機過酸化物です。第3類は水と反応して水素などの可燃性ガスを出します。（4）二硫化炭素（CS_2）のように、炭素と水素以外を含む物質もあります。

問題2
解答（4）

　第6類のすべてに通気孔が必要という記述は、「共通する事項」としては誤りです。第6類で容器に通気性を持たせるのは過酸化水素です。

問題3
解答（4）

　第6類は酸化性液体のため、還元剤（酸化されやすい物）との接触は危険です。それ以外の設問は、個々の物品には当てはまるものがありますが、「共通する事項」としては誤りです。

問題4
解答（4）

　硝酸は、銅、水銀、銀など、多くの金属を腐食させます。

問題5
解答（3）

　第6類は酸化性液体のため、おがくず、ぼろ布等の可燃物との接触は厳禁です。

問題6
解答（3）

　第6類は酸化性液体のため、それ自体は（単独では）不燃性です。なお、（1）が正しくない理由として、第6類は分解して酸素を放出するものが多いですが、ハロゲン間化合物は分子内に酸素を含んでいないため、分解しても酸素を出しません。

問題7　　　　　　　　　　　　　　　　　　　　　　　　解答（4）

硝酸は、湿気を含む空気中で褐色に発煙します。黒色ではありません。

問題8　　　　　　　　　　　　　　　　　　　　　　　　解答（1）

「火気に十分注意する」という部分は誤った対応ではありませんが、過酸化水素は、それ自体は不燃性である第6類の危険物であることと、分解して水素ではなく水と酸素になることから、（1）が適切ではありません。（2）〜（5）はすべて正しい記述です。

問題9　　　　　　　　　　　　　　　　　　　　　　　　解答（3）

三フッ化臭素は第6類の危険物であるため、それ自体（単独）では爆発性はありません（不燃性の物質）。

問題10　　　　　　　　　　　　　　　　　　　　　　　解答（2）

CとEが該当します。過酸化水素の分解防止のための安定剤として、アセトアニリド、リン酸、尿酸などが用いられています。これらは当然、過酸化水素にまぜても爆発の危険性はありません。

解答・解説　第6類　模擬試験　第2回目

問題1　　　　　　　　　　　　　　　　　　　　　　　　解答（2）

（2）が正解です。それ以外の記述が正しくない理由は次の通りです。

（1）第1類は分子内に酸素を含むことは正しいですが、それ自体は不燃性です。自己燃焼はしません（自己燃焼をするのは第5類です）。（3）第3類の多くは水と反応しますが、すべてではありません。黄リンは、水と反応しないため水中に貯蔵します。（4）第4類の多くは静電気を蓄積しやすいことは正しいですが、それは、電気の不良導体だからです。（5）第5類の比重は1よりも大きいため、水に沈みます。また、固体だけではなく液体のものもあります。

問題2　解答 (1)

第6類はいずれも無機化合物です。(2) 水と反応するのはハロゲン間化合物です。(4) ハロゲン間化合物は分子内に酸素 (O) を含みません。

問題3　解答 (3)

第6類は強い酸化性を持つ物質なので、還元剤との接触により激しく反応して発火や爆発の危険性が生じます。よって、(3) が火災予防上最も重要な事項です。それ以外の項目は、直ちに大きな危険が生じるものとはいえません。

問題4　解答 (3)

過塩素酸は無色の発煙性液体です。

問題5　解答 (5)

過塩素酸に限らず、第6類は酸化性液体なので、可燃物との混合により発火や爆発の危険性が生じます。設問の中で、不燃性のものは二酸化炭素だけです。

問題6　解答 (3)

消毒に用いられるもの (オキシドール) は、濃度3%の水溶液です。

問題7　解答 (1)

過酸化水素の安定剤に用いられるのは、アセトアニリド、リン酸、尿酸等です。(2)〜(5) は可燃物なので過酸化水素との接触は厳禁です。

問題8　解答 (2)

AとBが正しくありません。A：おがくずなどの可燃物との接触は危険です。B：鉄、ニッケル、アルミニウムは、希硝酸には激しく侵されますが、濃硝酸には不動態を作り侵されません。

問題9　解答 (5)

硝酸は、容器に通気性を持たせません。第6類で容器に通気性持たせるのは、過酸化水素です。

問題10　　　　　　　　　　　　　　　　　　　　　　　　　　　解答（2）

第6類の危険物ですので、強い酸化性を有します。還元性ではありません。

解答・解説　第6類　模擬試験　第3回目
（問題はp.231を参照）

問題1　　　　　　　　　　　　　　　　　　　　　　　　　　　解答（3）

消防法上の危険物は、常温常圧で液体か固体です。気体のものは含まれません。
(1)第1類や第6類は、それ自体は不燃性ですので、酸素と混合しても燃えません。
(2)鉄粉（Fe）、硫黄（S）、黄リン（P）、三フッ化臭素（BrF_3）など、水素、炭素、
酸素を含まない危険物も複数あります。(4)不燃性のものや引火性がないもの
もありますので、引火点がないものもあります。(5)たとえばメタンなどの気
体の可燃物は、常温以下でも引火しますが、消防法上の危険物ではありません。

問題2　　　　　　　　　　　　　　　　　　　　　　　　　　　解答（1）

第6類は可燃物との混合によりその燃焼を促進する物質です。よって、可燃
物との接触を避けることが火災予防上最も重要です。

問題3　　　　　　　　　　　　　　　　　　　　　　　　　　　解答（3）

第6類の多くは、水などによる消火が適しますが、すべてではありません。
有毒ガスを出すため、ハロゲン間化合物は水と接触できません。そのため、第
6類のすべてに使える消火剤となると、乾燥砂など（乾燥砂、膨張ひる石、膨
張真珠岩）です。

問題4　　　　　　　　　　　　　　　　　　　　　　　　　　　解答（3）

C、D、Eが正しい記述です。二酸化炭素消火剤とハロゲン化物消火剤は、す
べての第6類危険物に適応しません。

問題5　　　　　　　　　　　　　　　　　　　　　　　　　　　解答（4）

過塩素酸は皮膚に対して腐食性があります。

問題6　　　　　　　　　　　　　　　　　　　　　　　　　解答（3）

A、B、Cが正しい記述です。過酸化水素は、強い酸化性を持つ物に対しては還元剤として働くこともあるので、酸化剤と還元剤の両方とも、接触を避ける必要があります。アンモニアは可燃性物質ですので、接触は厳禁です。また、過酸化水素は容器に通気性を持たせて貯蔵します。水で希釈した方が安全性が高くなるため、通常は水で希釈しています。

問題7　　　　　　　　　　　　　　　　　　　　　　　　　解答（1）

おがくずなどの可燃物との接触は危険です。

問題8　　　　　　　　　　　　　　　　　　　　　　　　　解答（2）

発煙硝酸は、硝酸よりも強い酸化力を有します。

問題9　　　　　　　　　　　　　　　　　　　　　　　　　解答（4）

ハロゲン間化合物は水と接触して猛毒なフッ化水素を生じるため、水系の消火剤（水、強化液、泡）は使えません。乾燥砂など（乾燥砂、膨張ひる石、膨張真珠岩）をかけるのが適切です。

問題10　　　　　　　　　　　　　　　　　　　　　　　　解答（5）

三フッ化臭素をはじめ、ハロゲン間化合物は多くの金属と反応してフッ化物を作ります。

さくいん

さくいん

さくいん

参考文献

・「令和5年度危険物取扱必携 (実務編)」一般社団法人全国危険物安全協会編 (2023)
・「令和5年度危険物取扱者試験例題集 (乙種第一・二・三・五・六類)」一般社団法人
　全国危険物安全協会編 (2023)
・「実験を安全に行うために (第8版)」化学同人編集部編、化学同人 (2017)
・「ヒヤリ・ハットケーススタディ (3訂版)」危険物保安管理研究会編著, 東京法令出
　版 (2014)
・「らくらく突破 甲種危険物取扱者 合格テキスト＋問題集 第2版」飯島晃良、技術評
　論社 (2022)
・「もういちど読む数研の高校化学」小林正光・野村祐次郎 著、数研出版編集部 編著、
　数研出版 (2011)
・「原子量表 (2023)」日本化学会原子量専門委員会

■著者略歴

飯島　晃良（いいじま　あきら）
日本大学理工学部　教授
2004 富士重工業株式会社（現在のSUBARU）　スバル技術本部
2006〜現在　日本大学に勤務。その間、カリフォルニア大学バークレー校訪問研究者（2016）
学位・資格：博士（工学）、技術士（機械部門）、甲種危険物取扱者　など
受賞歴（抜粋）：
・日本エネルギー学会進歩賞（学術部門）(2023)
・自動車技術会論文賞 (2020)
・小型エンジン技術国際会議 The Best Paper（最優秀論文賞）(2017)
・日本燃焼学会論文賞 (2016)
・日本機械学会奨励賞 (2009)　など

| カバーデザイン | ●デザイン集合［ゼブラ］＋坂井 哲也 | 立体イラスト | ●長谷川貴子 |
| DTP | ●株式会社 ウイリング | 立体イラスト撮影 | ●長谷川貴子 |

らくらく突破
乙種第1・2・3・5・6類危険物取扱者
合格テキスト＋問題集　改訂新版

2017年　2月25日　初　　版　第1刷発行
2023年12月　1日　改訂新版　第1刷発行
2024年　8月29日　改訂新版　第2刷発行

著　者　　飯島　晃良
発行者　　片岡　巌
発行所　　株式会社技術評論社
　　　　　東京都新宿区市谷左内町21-13
　　　　　電話　03-3513-6150 販売促進部
　　　　　　　　03-3513-6166 書籍編集部
印刷／製本　港北メディアサービス株式会社

定価はカバーに表示してあります。

ISBN978-4-297-13861-5　C3058
Printed in Japan

■お問い合わせについて
　お問合わせ・ご質問前にp.2に記載されている事項をご確認ください。
　本書に関するご質問は、FAXか書面でお願いします。電話での直接のお問い合わせにはお答えできませんので、あらかじめご了承ください。また、下記のWebサイトでも質問用のフォームを用意しておりますので、ご利用ください。
　ご質問の際には、書名と該当ページ、返信先を明記してください。e-mailをお使いになられる方は、メールアドレスの併記をお願いします。
　お送りいただいた質問は、場合によっては回答にお時間をいただくこともございます。なお、ご質問は本書に書いてあるもののみとさせていただきます。
■お問い合わせ先
〒162-0846
東京都新宿区市谷左内町21-13
株式会社技術評論社　書籍編集部
「らくらく突破 乙種第1・2・3・5・6類危険物取扱者 合格テキスト＋問題集 改訂新版」係
FAX：03-3513-6183
Web：https://gihyo.jp/book

乙種第１・２・３・５・６類危険物取扱者試験

必携！
直前チェック総まとめ

　危険物の重要な性状を、復習しやすいようにまとめた別冊資料を用意しました。各類の特徴や、出題されやすいポイントがまとめられています。受験する類の記述を中心に読んでいただければよいのですが、他の類と比較しながら眺めることも、全体像が見えて理解が進みますので有効です。試験直前の総まとめなどにご活用ください。

【目次】

多くは無色や白色です。色があるものだけ知っておこう

結晶・粉末の区別は知らなくてもOK

個々の数値は知らなくてもOK

水に溶けるものがい（水に溶けないを覚えると便利）

第1類：酸化性固体

品名	物品名	固・液	色	形状	比重	溶解性
塩素酸塩類	塩素酸カリウム	固体	無色	結晶	1より大きいと覚えておけばよい	熱水
	塩素酸ナトリウム					水・アルコー
	塩素酸アンモニウム					水
	塩素酸バリウム			粉末		
過塩素酸塩類	過塩素酸カリウム			結晶		－
	過塩素酸ナトリウム					水、アルコール、アセトン
	過塩素酸アンモニウム					
無機過酸化物	過酸化カリウム		オレンジ色	粉末		（水と反応）
	過酸化ナトリウム		黄白色 白（純粋）			
	過酸化カルシウム		無色			酸
	過酸化マグネシウム					
	過酸化バリウム		灰白色			
亜塩素酸塩類	亜塩素酸ナトリウム		無色	結晶性粉末		水
臭素酸塩類	臭素酸カリウム					
	臭素酸ナトリウム			結晶		

その他	危険性	消火法	この物品の特徴
解性、吸湿性	・加熱により分解し酸素を発生 ・強酸の添加で爆発の恐れ ・可燃物等と混合するとわずかな刺激で爆発の恐れ	注水	・光沢あり
			・潮解したものが木や紙に染み込んで乾燥したものは衝撃などで爆発の恐れ
			・不安定で常温でも爆発の恐れ ・不安定で長期保存できない
解性、吸湿性	・強酸の添加で爆発の恐れ ・可燃物等と混合するとわずかな刺激で爆発の恐れ		・強酸、有機物などとの混合による危険性は塩素酸カリウムよりは低い
			・燃焼で多量のガスを生じるため、塩素酸カリウムよりもやや危険
解性、吸湿性	・水と反応し酸素と熱を発生 ・可燃物等と混合するとわずかな刺激で爆発の恐れ	乾燥砂など（注水は避ける）	・皮膚を腐食する
湿性			
	・酸と反応して過酸化水素を発生 ・可燃物等と混合するとわずかな刺激で爆発の恐れ		・水と反応して酸素を発生
害			・熱湯と反応して酸素を発生 ・アルカリ土類金属の過酸化物の中では最も安定
湿性	・日光、紫外線で分解 ・強酸との混合で爆発性の二酸化塩素ガスを発生	注水	・鉄や銅を腐食 ・皮膚粘膜を刺激 ・発生する二酸化塩素は刺激臭と毒性あり
	・可燃物等と混合すると加熱などで爆発の恐れ		・加熱により分解し酸素と臭化カリウムを発生 ・酸との接触でも分解して酸素を発生
	・加熱により分解し、臭化水素を含む有毒ガスを発生		・酸との接触で分解して酸素を発生

3

品名	物品名	固・液	色	形状	比重	溶解性
硝酸塩類	硝酸カリウム		無色	結晶		水
	硝酸ナトリウム					
	硝酸アンモニウム					水・アルコー
ヨウ素酸塩類	ヨウ素酸ナトリウム					水
	ヨウ素酸カリウム					
過マンガン酸塩類	過マンガン酸カリウム		赤紫色			
	過マンガン酸ナトリウム			粉末		
重クロム酸塩類	重クロム酸アンモニウム		橙黄色	結晶		水・アルコー
	重クロム酸カリウム		橙赤色			水
その他	三酸化クロム	固体	暗赤色	針状結晶	1より大きいと覚えておけばよい	水・希アルコル
	二酸化鉛		黒褐色	粉末		酸、アルカリ
	亜硝酸ナトリウム		白・淡黄色	固体		
	次亜塩素酸カルシウム （高度さらし粉）		白色	粉末		水
	ペルオキソ二硫酸カリウム			結晶・粉末		熱水
	ペルオキソホウ酸アンモニウム		無色	結晶		水
	炭酸ナトリウム過酸化水素付加物		白色	粉末		

その他	危険性	消火法	この物品の特徴
解性			・黒色火薬の原料
			・反応性が硝酸カリウムよりはやや劣る
解性、吸湿性	・加熱すると分解して酸素を発生 ・可燃物等と混合すると加熱などで爆発の恐れ		・加熱により分解し一酸化窒素（亜酸化窒素）を発生 ・水に溶ける際に吸熱する ・アルカリと反応してアンモニアを発生 ・肥料、火薬の原料
解性、吸湿性	・硫酸を加えると爆発の危険性がある ・可燃物等と混合すると加熱などで爆発の恐れ		・水溶液は赤紫、濃紫色 ・殺菌剤、消臭剤、染料に利用
			・170℃で分解するため、市販品は水溶液
			・加熱すると窒素を発生
解性、吸湿性		注水	・有毒で皮膚を腐食 ・水を加えると腐食性が強い酸になる
	・可燃物等と混合すると加熱などで爆発の恐れ		・毒性が強い ・塩酸に溶けて塩素を発生 ・金属並みの導電率で電極に利用
湿性			・水溶液はアルカリ性 ・アンモニア塩類との混合で爆発の恐れ
湿性			・水、光と反応して塩化水素を発生 ・アンモニア、アンモニア塩類との混合で爆発の恐れ ・空気中で次亜塩素酸を放ち、塩素臭がある
	・可燃物等と混合すると発火しやすく、激しく燃焼		・乾燥状態で保存する ・100℃で分解して酸素を発生
			・加熱すると約50℃でアンモニアを生じ、さらに加熱すると分解し、酸素を発生
			・熱分解して酸素を発生 ・漂白剤、洗剤に用いられる ・アルミ・亜鉛などの金属製容器を用いない

第2類：可燃性固体

第2類は、ほとんどが色つき

結晶・粉末の区別は知らなくてもOK

個々の数値は知らなくてもOK

第2類は、一般に水溶けない（水と反応るものはある）

品名	物品名	固・液	色	形状	比重	溶解性
硫化リン	三硫化リン	固体	黄色	結晶	1より大きいと覚えておけばよい	二硫化炭素 ベンゼン
	五硫化リン		淡黄色			二硫化炭素
	七硫化リン					二硫化炭素 （わずかに）
赤リン			赤褐色	粉末		（水、二硫化素に溶けない）
硫黄			黄色	固体		二硫化炭素
鉄粉			灰白色			酸
金属粉	アルミニウム粉		銀白色	粉末		－
	亜鉛粉		灰青色			－
マグネシウム			銀白色	結晶		－
引火性固体	固形アルコール		乳白色	ゲル		－
	ゴムのり		ゲル（ゼリー）状の固体			－
	ラッカーパテ					－

その他	危険性	消火法	この物品の特徴
重、沸点、融点ともに『三硫化リン＜五硫化リン＜七硫化リン』の順に高くなる	・三硫化リンは熱水、それ以外は水と作用して有毒で可燃性の硫化水素（H_2S）を発生	乾燥砂二酸化炭素消火剤	・100℃で発火の危険性がある
臭気、毒性なし黄リンと同素体	・粉じん爆発の危険性あり ・260℃で発火 ・400℃で昇華	注水	・燃焼して酸化リン（毒性あり）を生じる
無味無臭融点115℃	・静電気を生じやすい ・粉じん爆発の危険性あり	水と土砂	・青い炎を出して燃え、有害な二酸化硫黄（SO_2）を生成 ・斜方硫黄、単斜硫黄、ゴム状硫黄の同素体がある
	・酸に溶けて水素を発生 ・粉じん爆発の危険性あり	乾燥砂	・アルカリとは反応しない ・油が染みた切削くずは自然発火する恐れがある
金属（比重2.7）	・酸、アルカリと反応し水素を発生 ・水と徐々に反応し水素を発生	乾燥砂金属火災用消火剤	・両性元素である（酸、アルカリの両方と反応して水素を発生する）
金属ではない（比重7.1）	・空気中の水分、ハロゲン元素と反応して自然発火する恐れ ・粉じん爆発の危険性あり		
金属（比重1.7）	・希酸、熱水と反応し水素を発生 ・空気中の水分と反応し、自然発火する恐れ		・点火すると白光を放ち激しく燃焼し、酸化マグネシウムになる
蒸気を吸うと中毒症状を起こす	・すべて、引火点40℃未満。常温（20℃）でも可燃性蒸気を生じ、引火するものがある	泡、二酸化炭素、粉末、ハロゲン化物	・エタノールやメタノールを凝固剤で固めたもの ・生ゴムを石油系溶剤に溶かした接着剤

第3類：自然発火性物質および禁水性物質

品名	物品名	固・液	色	形状	比重	溶解性
カリウム		固体	銀白色	金属	0.86	－
ナトリウム					0.97	－
アルキルアルミニウム		液体または固体	無色	固体または液体	種類による	ベンゼンヘキサンなどの溶媒
アルキルリチウム	ノルマルブチルリチウム	液体	無色やがて黄褐色	液体	0.84	
黄リン		固体	白色淡黄色	ろう状	1.82	ベンゼン二硫化炭素（水には溶けない）
アルカリ金属およびアルカリ土類金属	リチウム		銀白色	金属	0.5	－
	カルシウム				1.6	－
	バリウム				3.6	－
有機金属化合物	ジエチル亜鉛	液体	無色	液体	1.2	ジエチルエーテル、ベンゼンヘキサン
金属の水素化物	水素化ナトリウム	固体	灰色	結晶	1.4	－
	水素化リチウム		白色		0.82	－
金属のリン化物	リン化カルシウム		暗赤色	固体・粉末	2.51	（アルカリに溶けない）

色があるものだけ知っておこう

多くは1以上ですが、1未満のものもあります。1未満の物品を知っておこう

水に溶ないもが多い

8

禁水性でない！
消火に水を使うのは黄リンだけ！
他はすべて乾燥砂または粉末消火剤（炭酸水素塩類）を使う！

その他	危険性	消火法	この物品の特徴
融点はともに100℃未満 吸湿性	・水・アルコールと激しく反応して水素を発生 ・ハロゲン元素と激しく反応 ・強い還元作用を持つ	乾燥砂等	・保護液として、灯油などの石油中に貯蔵 ・燃焼時に炎色反応による発光を伴う（カリウム：紫色、ナトリウム：黄色） ・反応性はカリウムの方がやや高い
－	・空気、水と激しく反応し発火する ・触れると火傷を起こす	乾燥砂等（消火困難）	・アルキル基の炭素数およびハロゲン数が多いほど、水や空気との反応性が低くなる ・ヘキサン、ベンゼンなどの溶剤で希釈すると反応性が低くなる ・窒素などの不活性ガス中で貯蔵する
－	・空気に触れると発火する ・水、アルコールなどと激しく反応		
点が44℃と非に低い	・50℃で自然発火 ・ハロゲンと反応して有毒ガスを発生 ・濃硝酸と反応してリン酸を発生	水と土砂	・水中に貯蔵する（自然発火防止のため） ・猛毒を有し、触れると火傷する ・ニラに似た不快臭 ・燃焼して十酸化四リンを生成 ・暗所で青白く発光（燐光を発する）
点180.5℃	・水と激しく反応して水素を発生 ・ハロゲン元素と反応	乾燥砂等	・固体単体の中で最も比重が小さい ・深赤色の炎色反応を起こす ・反応性はカリウム、ナトリウムよりは低い
点845℃	・水と反応して水素を発生 ・アルカリ金属に比べると反応性は低い		・橙赤色の炎色反応を出して燃え、酸化カルシウム（生石灰）を発生
点727℃			・黄緑色の炎色反応を出して燃え、酸化バリウムを発生
－	・水、アルコール、酸と激しく反応してエタンなどを発生 ・空気中で自然発火する	粉末消火剤	・窒素などの不活性ガス中に貯蔵する ・ハロゲン系の消火剤と反応して有毒ガスを発生
毒	高温でナトリウムと水素に分解	乾燥砂等	・水や水蒸気と反応して水素と熱を発生 ・還元性が強い ・窒素などの不活性ガス中に貯蔵する
	高温でリチウムと水素に分解		
点1,600℃以	水、弱酸と反応してリン化水素（ホスフィン）を生じる		・水との反応で生じるリン化水素（ホスフィン）は、可燃性で悪臭がある

品名	物品名	固・液	色	形状	比重	溶解性
カルシウムまたはアルミニウムの炭化物	炭化カルシウム	固体	無色（純粋）灰色（通常）	結晶	2.2	－
	炭化アルミニウム		無色（純粋）黄色（通常）		2.37	
その他	トリクロロシラン	液体	無色	液体	－	水、ベンゼン、ジエチルエーテル、二硫化炭素

多くは無色なので、色があるものだけ知っておこう

第5類の危険物の比重はすべて1よりも大きいと理解しよう

第5類：自己反応性物質

品名	物品名	固・液	色	形状	比重	溶解性
有機過酸化物	過酸化ベンゾイル	固体	白色	結晶	1より大きい	有機溶剤
	エチルメチルケトンパーオキサイド	液体	無色	油状液体		アルコール、ジエチルエーテル
	過酢酸			液体		水、アルコール、ジエチルエーテル、硫酸
硝酸エステル類	硝酸メチル					アルコール、ジエチルエーテル
	硝酸エチル					
	ニトログリセリン			油状液体		有機溶剤
	ニトロセルロース	固体	綿状	固体		

その他	危険性	消火法	この物品の特徴
融点2,300℃ 吸湿性	・水と反応してアセチレンガス（可燃性）と水酸化カルシウムを生じる	乾燥砂、粉末消火剤	・アセチレンは銅、銀、水銀と作用して爆発性物質を作る ・必要に応じて容器に窒素などを封入する
融点2,200℃	・水と反応してメタン（可燃性）を生じる		・必要に応じて容器に窒素などを封入する
引火点−14℃ 燃焼範囲1.2〜90.5vol% 沸点32℃	・水と反応して塩化水素を発生。さらに高温で水素を生成 ・酸化剤と爆発的に反応	乾燥砂等	・引火性がある（低い引火点と広い燃焼範囲） ・有毒で刺激臭がある ・水の存在下でほとんどの金属を侵す

赤文字：必ず覚えましょう（正答のポイントになりやすい重要項目です）
黒文字：できるだけ覚えましょう（問題文に出やすいです）
灰文字：覚えなくて結構です

その他	危険性	消火法	この物品の特徴
力な酸化作用	・100℃で分解（有毒ガス） ・高濃度で爆発しやすくなる	注水、泡消火剤	・乾燥すると危険度が増す
強力な酸化作用 引火点72℃	・40℃で分解。錆や布との接触で30℃以下で分解		・ジメチルフタレート（可塑剤）で濃度50〜60%に希釈して保存 ・貯蔵容器に通気性を持たせる
強力な酸化作用 引火点41℃ 強い刺激臭	・110℃で発火・爆発 ・強い酸化・助燃作用		・有毒（皮膚、粘膜を侵す） ・市販品は溶媒で40%溶液にしている
芳香と甘味あり 蒸気は空気より重い 沸点が水より低い	・引火点15℃で引火・爆発しやすい	爆発的で消火困難	・引火点が低いので、火気を近づけない
	・引火点10℃で引火・爆発しやすい		
℃で凍結	・加熱、衝撃、摩擦で猛烈に爆発		・甘味を有し、有毒 ・凍結（8℃）すると爆発の危険度が増す ・漏洩時は、水酸化ナトリウムのアルコール溶液で分解して非爆発性にし、ふき取る
味無臭	・加熱、衝撃、摩擦で爆発	注水	・硝化度（窒素含有量）が高いものほど危険 ・アルコールや水で湿綿にし、安定剤を加え保存

品名	物品名	固・液	色	形状	比重	溶解性
ニトロ化合物	ピクリン酸		黄色	結晶		水（熱水）、アルコール、ジエチルエーテル、ベンゼン、アセトン
	トリニトロトルエン		淡黄色			ジエチルエーテル、アルコール、ベンゼン、アセトン
ニトロソ化合物	ジニトロソペンタメチレンテトラミン			粉末		（ガソリンに溶けない）
アゾ化合物	アゾビスイソブチロニトリル		白色	固体		アルコール、エーテル
ジアゾ化合物	ジアゾジニトロフェノール		黄色	粉末		アセトン
ヒドラジンの誘導体	硫酸ヒドラジン	固体			1より大きい	温水
	ヒドロキシルアミン		白色	結晶		水、アルコール
ヒドロキシルアミン塩類	硫酸ヒドロキシルアミン					水、メタノール
	塩酸ヒドロキシルアミン					
その他	アジ化ナトリウム		無色	板状結晶		水
	硝酸グアニジン		白色	結晶		水、アルコール

その他	危険性	消火法	この物品の特徴
臭、苦みと毒がある	・金属と作用して爆発性の金属塩を作る	注水	・乾燥すると危険度が増すため、10%程度の水を加えて貯蔵する
光に当たると褐色になる	・金属とは反応しない ・急に熱すると爆発する		・ピクリン酸よりはやや安定している
	・加熱、衝撃、摩擦で爆発 ・強酸、有機物との接触で爆発の恐れ	注水、泡消火剤	・加熱すると分解して窒素、アンモニア、ホルムアルデヒドなどを生じる
融点105℃	・融点以上に加熱すると窒素とシアンガスを生じ分解	注水	・目や皮膚との接触を避ける ・分解で生じるシアンガスは発火はしないが有毒
に当たると褐に変色する	燃焼時に爆ごうを起こしやすい	消火困難	・水または水とアルコールの混合液中に貯蔵する
融点254℃温水に溶けて酸性を示す	・アルカリと接触するとヒドラジンが遊離する ・酸化剤と激しく反応	注水	・融点以上で分解してアンモニア、二酸化硫黄、硫化水素、硫黄を生成（発火はしない） ・皮膚、粘膜を刺激するため、消火時は防塵マスクなどの保護具を着用 ・酸化剤やアルカリと接触させない
潮解性 融点33℃、 引火点100℃、 発火点130℃	・裸火、熱源、紫外線などと接触して爆発的に燃焼 ・眼、気道を刺激し、毒性がある		・農薬、半導体の洗浄に用いられる ・消火時は保護具を着用する
ーテル、エタ ールには溶け い	・水溶液は強酸性で金属を腐食 ・微粉状のものは粉じん爆発の危険性がある		・アルカリがあるとヒドロキシルアミン（NH_2OH）が遊離し分解する ・消火時は保護具を着用する
ルコールにわ かに溶ける	・蒸気は目、気道を刺激し、有毒 ・強い還元剤		・火気、加熱を避けて乾燥状態で冷暗所に貯蔵する ・消火時は保護具を着用する
－	・約300℃で分解して窒素と金属ナトリウム（Na）を生じる ・皮膚に触れると炎症を起こす	乾燥砂等	・酸と作用して有毒で爆発性があるアジ化水素酸を生じる ・水があると重金属と作用して極めて鋭敏なアジ化物を生じる ・分解時にナトリウムを生じるので注水厳禁
－	・爆薬の成分になる	注水	・毒性がある

第6類：酸化性液体

色があるのは発煙硝酸のみ

すべて1よりも大きい

品名	物品名	固・液	色	形状	比重	溶解性
過塩素酸		液体	無色	発煙性液体	1より大きい	水（音を出しながら発熱する
過酸化水素				粘性液体		
硝酸	硝酸		無色			水
	発煙硝酸		赤赤褐色	液体		
ハロゲン間化合物	三フッ化臭素		無色			－
	五フッ化臭素					－
	五フッ化ヨウ素					－

その他	危険性	消火法	この物品の特徴
気中で発煙す	・強い酸化作用を持つ ・加熱すると有毒な塩素ガスと酸素を生じ、やがて爆発する ・おがくず、ぼろきれなどと接触すると発火の恐れがある	注水	・アルコールなどの可燃性有機物と接触すると発火、爆発の恐れがある ・銀、銅、鉛などのイオン化傾向が小さい金属も溶解する ・皮膚を腐食する ・通常は60〜70%の水溶液として扱う ・不安定なため次第に分解し爆発することがあるため長期保存はできない ・密栓した耐酸性の容器に貯蔵する ・流出時はチオ硫酸ナトリウム、ソーダ灰で中和して洗い流す
ベンゼンには溶けない)	・強い酸化作用を持つが、酸化力が強い物質に対しては還元剤としても働く ・金属粉、有機物と接触すると発火・爆発する		・皮膚に触れると火傷を起こす ・容器に通気性を持たせる ・常温でも水と酸素に分解する。分解防止の安定剤として、アセトアニリド、リン酸、尿酸等を用いる ・オキシドールは、過酸化水素の濃度3%の水溶液
溶液は強酸性	・加熱や日光で酸素と二酸化窒素(有毒)を生じ、黄褐色になる ・可燃物、有機物などと混合すると発火・爆発	燃焼物に応じた消火法	・銅、銀、水銀など多くの金属を溶かす ・鉄、ニッケル、クロム、アルミニウムは希硝酸には激しく侵されるが、濃硝酸には不動態を作り侵されない ・金、白金は腐食されないが、濃塩酸と濃硝酸を3：1で混合した「王水」は、金および白金をも溶かす ・有毒ガスを生じるので保護具を着用する ・流出時は、注水による希釈、ソーダ灰や消石灰による中和処理を行う
	・濃硝酸に二酸化窒素(NO_2)を加圧飽和して生成される ・硝酸と同様の危険性と特性だが、硝酸よりもさらに酸化力が強い		
点126℃	・強力な酸化剤 ・水と激しく反応して猛毒なフッ化水素を生成	粉末消火剤・乾燥砂(注水厳禁)	・低温で固化する(融点9℃) ・空気中で発煙 ・水と反応して猛毒のフッ化水素を生じるため、注水厳禁
点：41℃	・多くのフッ素原子を含むほど反応性が高く、多くの金属を酸化しフッ化物を作る		・三フッ化臭素よりも反応性が高い ・水と反応して猛毒のフッ化水素を生じるため、注水厳禁
点100.5℃	・水溶液はガラスを侵す		・水と反応して猛毒のフッ化水素を生じるため、注水厳禁

2 出題されやすいポイント

ポイント1 各類の物品一覧

特に色文字や太字部分は要チェック。水溶性のものは*影および下線付き斜体*で表示。水と反応するものは枠で囲んで表示。

類（性質）	品　名	物　品　名
第1類 **酸化性固体** 水溶性のものが多い	塩素酸塩類	塩素酸カリウム、*塩素酸ナトリウム*、*塩素酸アンモニウム*、*塩素酸バリウム*、*塩素酸カルシウム*
	過塩素酸塩類	過塩素酸カリウム、*過塩素酸ナトリウム*、*過塩素酸アンモニウム*
	無機過酸化物 ➡過酸化○○	過酸化カリウム、過酸化ナトリウム、過酸化マグネシウム、過酸化カルシウム、過酸化バリウム
	亜塩素酸塩類	*亜塩素酸ナトリウム*
	臭素酸塩類	*臭素酸カリウム*、*臭素酸ナトリウム*
	硝酸塩類	*硝酸カリウム*、*硝酸ナトリウム*、*硝酸アンモニウム*
	ヨウ素酸塩類	*ヨウ素酸ナトリウム*、*ヨウ素酸カリウム*
	過マンガン酸塩類	*過マンガン酸カリウム*、*過マンガン酸ナトリウム*
	重クロム酸塩類	*重クロム酸アンモニウム*、*重クロム酸カリウム*
	その他	*三酸化クロム*、二酸化鉛、次亜塩素酸カルシウム、*亜硝酸ナトリウム*、*ペルオキソ二硫酸カリウム*、*ペルオキソホウ酸アンモニウム*、*炭酸ナトリウム過酸化水素付加物*
第2類 **可燃性固体**	硫化リン	三硫化リン、五硫化リン、七硫化リン
	赤リン	
	硫黄	
	鉄粉	
	金属粉	アルミニウム粉、亜鉛粉
	マグネシウム	
	引火性固体	固形アルコール、ゴムのり、ラッカーパテ
第3類 **自然発火性物質および禁水性物質** 黄リン以外は水と反応	カリウム、ナトリウム	
	アルキルアルミニウム	
	アルキルリチウム	ノルマルブチルリチウム
	黄リン（水と反応しない）	
	アルカリ金属、アルカリ土類金属	リチウム、カルシウム、バリウム
	有機金属化合物	ジエチル亜鉛

16

類（性質）	品　名	物　品　名
	金属の水素化物	水素化ナトリウム、水素化リチウム
	金属のリン化物	リン化カルシウム
	カルシウム、アルミニウムの炭化物	炭化カルシウム、炭化アルミニウム
	その他	トリクロロシラン
参考 **第4類** 引火性 液体	特殊引火物	ジエチルエーテル、二硫化炭素、アセトアルデヒド、酸化プロピレン
	第1石油類	ガソリン、ベンゼン、トルエン、酢酸エチル、エチルメチルケトン、アセトン、ピリジン、ジエチルアミン
	アルコール類	メタノール、エタノール、プロパノール
	第2石油類	灯油、軽油、キシレン、酢酸、アクリル酸
	第3石油類	重油、クレオソート油、アニリン、ニトロベンゼン、グリセリン、エチレングリコール
	第4石油類	ギヤー油、シリンダー油
	動植物油類	ヤシ油、アマニ油（ヨウ素価高く自然発火しやすい）
第5類 自己反応 性物質	有機過酸化物	過酸化ベンゾイル、エチルメチルケトンパーオキサイド、過酢酸
	硝酸エステル類	硝酸メチル、硝酸エチル、ニトログリセリン、ニトロセルロース
	ニトロ化合物	ピクリン酸（熱水）[※]、トリニトロトルエン
	ニトロソ化合物	ジニトロソペンタメチレンテトラミン
	アゾ化合物	アゾビスイソブチロニトリル
	ジアゾ化合物	ジアゾジニトロフェノール
	ヒドラジンの誘導体	硫酸ヒドラジン
	ヒドロキシルアミン	ヒドロキシルアミン
	ヒドロキシルアミン塩類	硫酸ヒドロキシルアミン、塩酸ヒドロキシルアミン
	その他	アジ化ナトリウム、硝酸グアニジン
第6類 酸化性 液体	過塩素酸	
	過酸化水素	
	硝酸	硝酸、発煙硝酸
	その他 （ハロゲン間化合物）	三フッ化臭素、五フッ化臭素、五フッ化ヨウ素

※ ピクリン酸は、水にある程度溶ける。冷水には溶けにくく、熱水にはよく溶ける。

ポイント2 類ごとに共通する特性まとめ

第1類：酸化性固体（20℃、1気圧で固体）

共通する性状・特性	火災予防の方法
・多くは無色の結晶または白色の粉末 ・比重は1より大きい ・それ自体は不燃性だが、加熱や衝撃等で酸素を放出（強酸化剤である） ・無機過酸化物（過酸化○○とよばれるもの）のうち、特にアルカリ金属（K、Na）の過酸化物は水と反応して酸素を放出する	・密栓して冷暗所に貯蔵 ・熱、摩擦、衝撃、可燃物を避ける
	消火法
	・大量の水で分解温度以下に冷却する ・無機過酸化物は注水厳禁なので乾燥砂や粉末消火剤を用いる

第2類：可燃性固体（20℃、1気圧で固体）

共通する性状・特性	火災予防の方法
・低温で着火・引火しやすく、燃焼が速い ・一般に、比重は1より大きい ・自身または燃焼ガスが有毒なものがある ・微粉状のものは粉じん爆発の危険性がある ・水や酸と接触し、可燃ガス（水素）を生じるものがある（両性元素であるアルミニウム粉と亜鉛粉は<u>アルカリとも反応</u>）	・密栓して冷暗所に貯蔵 ・鉄粉、金属粉、マグネシウムは禁水
	消火法
	【水と反応する物品】乾燥砂などで窒息消火。（硫化リン、鉄粉、金属粉、マグネシウム） 【引火性固体】泡、粉末、二酸化炭素、ハロゲン化物消火剤等で消火 【赤リンと硫黄】水、泡、強化液などの水系の消火剤。乾燥砂も使用可

第3類：自然発火性物質および禁水性物質（20℃、1気圧で固体または液体）

共通する性状・特性	火災予防の方法
・空気や水と反応し、発火する恐れがある ・空気や水との接触を避けるため、不活性ガス封入容器内や保護液（灯油、水）中に貯蔵する物品が複数ある ・無機化合物と有機化合物の双方がある ・多くは、自然発火性と禁水性の両方の性質を有する 自然発火性のみを有するもの：黄リン 禁水性のみを有するもの　　：リチウム 　　　　　　　　　　　　　（塊状）	・密栓して冷暗所に貯蔵 <u>自然発火性物品</u> ・空気との接触を避ける ・保護液中に貯蔵する際、露出させない <u>禁水性物品</u> ・水との接触を避ける
	消火法
	・乾燥砂、膨張ひる石、膨張真珠岩で覆う ・禁水性ではない黄リンのみ、水系（水、泡、強化液）消火剤も利用可能 ・禁水性の物品は、粉末消火剤も利用可 第3類のすべてで、「二酸化炭素消火剤」「ハロゲン化物消火剤」は<u>適さない</u>

第5類：自己反応性物質（20℃、1気圧で固体または液体）

共通する性状・特性	火災予防の方法
・比重は1より大きい ・液体の物品の蒸気比重も1より大きい ・燃焼速度が速く、加熱・衝撃・摩擦等で発火して爆発的に燃える ・有機の窒素化合物が多く、分子内に酸素を含み、外からの酸素供給なしに燃える ・自然発火するものや引火性のものがある ・金属と作用して爆発性の金属塩を形成するものがある	・火気、加熱、衝撃、摩擦などを避ける ・通風のよい冷暗所に貯蔵する

	消火法
	・燃焼が爆発的なため、一般には消火困難 【効果あり】冷却消火 　大量の水、泡消火剤 【効果なし】窒息消火と抑制消火 　二酸化炭素消火剤、ハロゲン化物消火剤 【特例】アジ化ナトリウムは禁水性 　アジ化ナトリウムには乾燥砂等を使う

第6類：酸化性液体（20℃、1気圧で液体）

共通する性状・特性	火災予防の方法
・多くは無色の液体（発煙硝酸のみ赤色） ・それ自体は不燃物だが、強い酸化力を有し、可燃物の燃焼を促進する（強酸化剤である） ・いずれも無機化合物である ・水と激しく反応して発熱するものがある ・腐食性があり、皮膚を侵す。蒸気は有毒である	・火気、直射日光を避ける ・酸化されやすい物質、還元性物質、可燃物、有機物と接触させない ・耐酸性の容器を使い、容器は密栓する 　（過酸化水素は密栓せず通気性を持たせる）

	消火法
	・一般には、水や泡による消火が有効 ・消火時は保護具を着用する 【特例】ハロゲン間化合物は禁水性 　ハロゲン間化合物は水と反応して猛毒のフッ化水素を生じるため、注水厳禁 ⇒粉末消火剤や乾燥砂を用いる

ポイント3 知っておきたい特徴的な物品

❶ 潮解性を有する物品（ほとんどが第1類です）

類	物品名	覚え方
第1類	塩素酸ナトリウム 過塩素酸ナトリウム 過酸化カリウム 硝酸ナトリウム 過マンガン酸ナトリウム 三酸化クロム 硝酸アンモニウム	・潮解性の多くは「○○ナトリウム」 ・○○ナトリウムの○○は、「塩素酸、過塩素酸、硝酸、過マンガン酸」の4つ。それ以外は潮解性がないと理解しよう ・○○カリウムでは、過酸化カリウムのみ
第5類	ヒドロキシルアミン	・第1類以外は、第5類ヒドロキシルアミンのみ

❷ 水に溶ける物品（水と反応してしまうものは除く）

⇒ **ポイント1** に*影および下線付き斜体*で表示した物品

❸ 水（一部は熱水）と反応してガスを発生する物品

類	品名 または 物品名	発生ガス
第1類	無機過酸化物（過酸化カリウム、過酸化ナトリウムなど、「過酸化○○」とよばれる物品）	酸素（O_2）
第2類	硫化リン［三硫化リン（熱水）、五硫化リン、七硫化リン］	硫化水素（H_2S）
	金属粉（アルミニウム粉、亜鉛粉）、マグネシウム	
第3類	カリウム、ナトリウム、リチウム、カルシウム、バリウム	水素（H_2）
	水素化ナトリウム、水素化リチウム	
	アルキルアルミニウム、ジエチル亜鉛	エタン
	アルキルリチウム（ノルマルブチルリチウム）	ブタン
	リン化カルシウム	リン化水素
	炭化カルシウム	アセチレン
	炭化アルミニウム	メタン
	トリクロロシラン	塩化水素
第6類	三フッ化臭素、五フッ化臭素、五フッ化ヨウ素	フッ化水素（猛毒）

❹ 保護液中に貯蔵される物品

類	品名 または 物品名	保護液
第3類	カリウム、ナトリウム、リチウム、カルシウム、バリウム	灯油（石油）
	黄リン	水
第5類	ニトロセルロース	エタノールまたは水で湿綿状に保存
	ジアゾジニトロフェノール	水中や水とアルコールの混合液中に保存

❺ 容器に通気性を持たせる物品

類	品名 または 物品名
第5類	エチルメチルケトンパーオキサイド
第6類	過酸化水素

❻ 容器に不活性ガス（窒素N₂など）を封入して貯蔵される物品

類	品名 または 物品名
第3類	アルキルアルミニウム、ノルマルブチルリチウム、ジエチル亜鉛、水素化ナトリウム、水素化リチウム 【必要に応じて不活性ガス中に貯蔵】炭化カルシウム、炭化アルミニウム

❼ 注水による消火を避ける物品

類	品名 または 物品名
第1類	上記❸「水と反応してガスを発生する物品」の通り
第2類	
第3類	黄リン以外のすべての物品
第4類	すべての物品（特に非水溶性物品で比重が1未満のものは火災が拡大する恐れ）
第5類	アジ化ナトリウム（火災時にナトリウム[禁水性]を生じるため）
第6類	上記❸「水と反応してガスを発生する物品」の通り

❽ 色や形状が特徴的な物品

類	代表的形状	色などに特徴がある物品（丸カッコ内が色）〔鍵カッコ内が形状〕
第1類	無色や白の結晶か粉末	過酸化カリウム（オレンジ）、過酸化ナトリウム（黄白色）、過マンガン酸カリウムや過マンガン酸ナトリウム（赤紫色）、重クロム酸アンモニウム（橙黄色）、重クロム酸カリウム（橙赤色）、三酸化クロム（暗赤色）、二酸化鉛（黒褐色）
第2類	色付きの物品が多い	硫化リンや硫黄（黄や黄淡色）、赤リン（赤褐色）、鉄粉（灰色）、アルミニウム粉やマグネシウム（銀白色）、亜鉛粉（灰青色）
第3類	アルカリ金属およびアルカリ土類金属は銀白色。それ以外の第3類は色付きの固体が多いが、<u>液体の物品もある</u>	アルキルアルミニウム（種類によって固体と[液体]がある）、ノルマルブチルリチウム（黄褐色[液体]）、黄リン（白や淡黄色）、ジエチル亜鉛（無色[液体]）、水素化ナトリウム（灰色）、水素化リチウム（白）、リン化カルシウム（暗赤色）、炭化カルシウム（純粋なもの：無色透明、通常：灰色）、炭化アルミニウム（純粋なもの：無色透明、通常：黄色）、トリクロロシラン（無色[液体]）
第5類	無色や白の固体結晶が多いが<u>液体もある</u>	過酢酸、硝酸メチル、硝酸エチル（無色[液体]）、ニトログリセリン（無色[油状液体]）、ニトロセルロース[綿や紙状]、ピクリン酸（黄色）、トリニトロトルエン（淡黄色、日光照射で茶褐色に変色）、ジニトロソペンタメチレンテトラミン（淡黄色）、ジアゾジニトロフェノール（黄色の[不定形粉末]）
第6類	無色の液体	過酸化水素（無色の[粘性液体]）、発煙硝酸（赤・赤褐色）

❾ 比重が1未満（水より軽い）物品

類	品名 または 物品名
第1類	なし
第2類	固形アルコール（約0.8）
第3類	【固体のもの】カリウム（0.86）、ナトリウム（0.97）、リチウム（0.5）、水素化リチウム（0.82） 【液体のもの】ノルマルブチルリチウム（0.84）
第5類	なし
第6類	なし

❿ 毒性や腐食性がある物品（重要なものの抜粋）

類	品名 または 物品名
第1類	三酸化クロム、二酸化鉛
第2類	ゴムのり、ラッカーパテ（有機溶剤中毒の恐れ）
第3類	黄リン（猛毒）、トリクロロシラン
第5類	過酢酸、ニトログリセリン、ピクリン酸、アゾ化合物、硫酸ヒドラジン、ヒドロキシルアミン、ヒドロキシルアミン塩類
第6類	過塩素酸、過酸化水素、硝酸、発煙硝酸、ハロゲン間化合物 第6類はすべて人体に毒性や皮膚への腐食性があると理解しましょう

⓫ 特有の臭気がある物品（重要なものの抜粋）

類	品名 または 物品名
第2類	ゴムのり、ラッカーパテ
第3類	黄リン（ニラに似た不快臭）、トリクロロシラン
第5類	エチルメチルケトンパーオキサイド、過酢酸、硝酸メチル、硝酸エチル

⓬ 引火性がある物品（重要なものの抜粋）

類	品名 または 物品名	引火特性（引火点など）
第2類	固形アルコール	40℃未満
第2類	ゴムのり	10℃以下
第2類	ラッカーパテ	10℃程度
第3類	トリクロロシラン	− 14℃
第4類		すべて引火性の液体
第5類	過酢酸	41℃
第5類	硝酸メチル	15℃
第5類	硝酸エチル	10℃

MEMO